三衢山喀斯特地貌 原生态树木

徐正浩　陈中平　陈新建
季卫东　余黎红　李余新　著

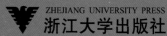
浙江大学出版社

图书在版编目（CIP）数据

三衢山喀斯特地貌原生态树木 / 徐正浩等著. — 杭州：
浙江大学出版社，2019.10
ISBN 978-7-308-19616-1

Ⅰ．①三… Ⅱ．①徐… Ⅲ．①岩溶地貌—树木学—植物
生态学—研究—常山县 Ⅳ．①S718.45

中国版本图书馆CIP数据核字(2019)第220757号

内容简介

本书按被子植物种系发生学组（Angiosperm Phylogeny Group，APG）分类系统介绍了三衢山喀斯特地貌的113种原生态树木，包括中文名、学名、中文异名、英文名、分类地位、形态学鉴别特征、生物学特性、生境特征、分布及原色图谱等相关内容。本书可作为农业、林业、园林、环保等相关专业的研究人员和管理人员的参考用书。本书采用了图文并茂的方式，可读性很强，也适合广大普通读者阅读。

三衢山喀斯特地貌原生态树木

徐正浩　陈中平　陈新建　季卫东　余黎红　李余新　著

责任编辑	徐素君
文字编辑	陈静毅
责任校对	王安安
封面设计	春天书装
出版发行	浙江大学出版社
	（杭州天目山路148号　邮政编码：310007）
	（网址：http://www.zjupress.com）
排　　版	杭州林智广告有限公司
印　　刷	浙江海虹彩色印务有限公司
开　　本	889mm×1194mm　1/16
印　　张	13.25
字　　数	322千
版 印 次	2019年10月第1版　2019年10月第1次印刷
书　　号	ISBN 978-7-308-19616-1
定　　价	128.00元

浙江省科技特派员扶贫项目"石灰石矿区植被种质资源与生态修复(2017—2018)"

浙江省农业资源与环境重点实验室　　　　　　　　　　　　　　　　资助

中央高校基本科研业务费专项资金（2019FZJD007）

《三衢山喀斯特地貌原生态树木》作者名单

主要作者 徐正浩　浙江大学

浙江省衢州市常山县辉埠镇人民政府

浙江省湖州市农业科学研究院

陈中平　浙江大学

陈新建　浙江省衢州市常山县林业水利局

季卫东　浙江省衢州市常山县农业农村局

余黎红　浙江省衢州市常山县林业调查规划设计队

李余新　浙江省衢州市常山县天马街道经济发展服务中心

联合作者 霍银斌　安徽禹皇土特产有限公司

姚一帆　湖州新开元碎石有限公司

姚金根　湖州新开元碎石有限公司

徐越畅　浙江理工大学

邹才超　湖州新开元碎石有限公司

汪　洁　浙江省耕地质量与肥料管理总站

张宏伟　浙江清凉峰国家级自然保护区管理局

俞春莲　浙江省常山油茶研究所

王昆喜　浙江省衢州市常山县油茶公园管理处

徐婉婷　浙江省衢州市常山县油茶公园管理处

其他作者 （按姓氏音序排列）

柏　超　浙江省湖州市长兴县农业技术推广服务总站

常　乐　浙江大学

陈一君　浙江省种植业管理局

代英超　浙江清凉峰国家级自然保护区管理局

邓美华　浙江大学

符　晶　浙江省常山油茶研究所

顾哲丰　浙江大学

郭　静　浙江省衢州市常山县林业水利局

黄广远　浙江省常山油茶研究所

黄良华　浙江省衢州市常山县林业水利局

李　军　浙江省湖州市安吉县植保站

林加财　浙江省衢州市常山县农业农村局

刘生有　浙江省衢州市常山县林业水利局

吕　进　浙江省湖州市植物保护检疫站

吕俊飞　浙江大学

孟华兵　浙江省湖州市吴兴区农业技术推广服务中心

戚航英　浙江省诸暨市农业技术推广中心

任叶叶　浙江大学

孙　莉　浙江省湖州市南浔区农业技术推广服务中心

王仪春　浙江省湖州市植物保护检疫站

王玉猛　浙江省衢州市常山县农业农村局

肖忠湘　浙江大学

徐　武　浙江省衢州市常山县农业农村局

徐勇敢　浙江省衢州市常山县林业水利局

杨凤丽　浙江省湖州市德清县农业技术推广中心

余立芳　浙江省衢州市常山县林业水利局

张　滕　浙江大学

张冬勇　浙江省衢州市常山县油茶公园管理处

张勉一　浙江大学

张志慧　浙江省衢州市常山县农业农村局

朱丽青　浙江大学

诸茂龙　浙江省湖州市安吉县植保站

前　言

　　被子植物种系发生学组（APG）分类系统是基于植物分子系统发育规律的被子植物分类方法，已为科学界所认同。本书根据APG分类系统，介绍了浙江省衢州市常山县的三衢山石林景区喀斯特地貌的113种原生态树木。其中的一些树木，由于在APG分类系统中信息不详，所以仍然按以往植物学分类方法予以阐述。

　　本书基于APG分类系统对树木进行归类，并进行系统介绍，对普及APG分类系统具有推动作用。为了更好地介绍每种树木，本书根据APG分类系统，对46科的植物分类地位进行了较为详细的阐述。读者可了解APG分类系统的最新研究进展，特别是收录树木在APG分类系统中的分类地位以及变化的来龙去脉。

　　本书在利用APG分类系统进行树木分类的基础上，对收录树木的形态学鉴别特征也进行了详细描述。每种树木都配有原色图谱，使从事相关研究的人士在了解APG分类系统的同时，更好地鉴别树木。

　　本书介绍的树木，以中文学名为树木的正名，有一些还列出了中文异名。但由于树木的拉丁文异名众多，本书仅介绍人们普遍接受的学名。一些树木，特别是在APG分类系统中尚有争论的物种，会列出其拉丁文异名。大多数收录树木会列出英文名。

　　本书对树木的生物学特性、生境特征、分布等也进行了描述，重点阐述了收录树木在三衢山喀斯特地貌中的生境特征。树木在喀斯特地貌生态系统中生长、繁衍以及群落结构的形成，与其生物学特性、生境特征等密切相关。

　　喀斯特地貌中的原生态树木是长期自然选择的结果，具有耐干旱、耐贫瘠等重要特性。人们了解三衢山喀斯特地貌中的原生态树木，对进一步探索不同地理环境的喀斯特地貌中的树木、群落结构特征具有重要的借鉴作用。

全书按科共分为46章。本书介绍的与以往分类地位差异较大的科有山茱萸科（Cornaceae）、菝葜科（Smilacaceae）、泡桐科（Paulowniaceae）、柏科（Cupressaceae）、锦葵科（Malvaceae）、杨柳科（Salicaceae）、唇形科（Lamiaceae）、蕈树科（Altingiaceae）、大麻科（Cannabaceae）、五福花科（Adoxaceae）、叶下珠科（Phyllanthaceae）、报春花科（Primulaceae）、无患子科（Sapindaceae）、玄参科（Scrophulariaceae）、绣球花科（Hydrangeaceae）。

由于作者水平有限，著作中错误在所难免，敬请批评指正！

徐正浩

2019年2月于杭州

目　录

第1章

瑞香科 Thymelaeaceae

在锦葵目（Malvales）中，瑞香科（Thymelaeaceae）与苦皮树科（Tepuianthaceae）具有姊妹关系，而与其他科的关联信息在APG分类系统中尚不明确。瑞香科具50属，含898种，广布于南北两半球的热带和温带地区，但南半球的物种数量明显多于北半球，多分布于非洲、大洋洲和地中海沿岸。常为乔木和灌木，也有一些藤本和草本。许多物种具毒性，不可食用。

瑞香科物种较多的属有南香属（Gnidia Linn.），具160种；稻花属（Pimelea Banks et Sol. ex Gaertn.），具110种；瑞香属（Daphne Linn.），具95种；荛花属（Wikstroemia Endl.），具70种。

根据分子亲缘关系建立的瑞香科，其完整的植物学特性的描述尚无。树皮通常具光泽并呈纤维状。雄蕊通常与萼片同数或为其2倍，当为2倍数时，通常呈2列排列。膝柱木属（Gonystylus Teijsmann ex Binnendijk）的花的雄蕊多达100枚，而稻花属的花仅有1枚或2枚雄蕊。花筒类似于花萼或花冠，但实为空的花托，这一特征为瑞香科所特有。萼片着生于花筒边缘。雄蕊位于花筒边缘或花筒内。花瓣为萼片托叶状的附属物。果实为浆果，含1粒种子，或为瘦果。在荛花属中，常会出现"异常花"。

1. 安徽荛花 *Wikstroemia anhuiensis* D. C. Zhang et X. P. Zhang

分类地位：植物界（Plantae）

　　　　被子植物门（Angiospermae）

　　　　双子叶植物纲（Dicotyledoneae）

　　　　锦葵目（Malvales）

　　　　瑞香科（Thymelaeaceae）

　　　　荛花属（*Wikstroemia* Endl.）

　　　　安徽荛花（*Wikstroemia anhuiensis* D. C. Zhang et X. P. Zhang）

形态学鉴别特征：灌木，高60~120cm。小枝深紫色，细弱，无毛。芽小，卵球形，径0.2mm，密被灰白色柔毛。叶对生，膜质，椭圆形至长椭圆形，长0.6~1.6cm，宽3~8mm，先端急尖或圆钝，基部楔形或宽楔形，边全缘，叶面绿色，叶背淡绿色，两面无毛，侧脉4~5对。叶柄短，长1mm，无毛。花白色，4~6朵，组成顶生总状花序。花梗长1~1.2mm，花序梗和花梗均无毛。花萼管圆筒形，下部膨大，无毛，长8~10mm，裂片5片，宽卵形，长2mm，先端圆、钝或略尖，边缘全缘。花盘鳞片1片，线形，长1.5mm。雄蕊10枚，2轮排列，上面1轮着

安徽荛花的花（徐正浩摄）

安徽荛花花序（徐正浩摄）

生于花萼管喉部，下面1轮着生于中部以上。花丝极短，花药狭长圆形，长1mm。子房梨形，长2mm，子房柄长1mm，均被短柔毛。花柱极短，柱头近球形，径0.3mm。果实未见。

生物学特性：花期3—5月，种子翌年5—6月成熟。

生境特征：生于林下、灌丛、草丛、石缝等。在三衢山喀斯特地貌中生于林下、林缘、岩石山地等生境。

分布：中国华东等地有分布。

安徽荛花花期岩石生境植株（徐正浩摄）

第2章

山茱萸科 Cornaceae

在APG分类系统中，八角枫科（Alangiaceae）被合并入山茱萸科（Cornaceae）。合并后的山茱萸科，隶属山茱萸目（Cornales），具2个属，即八角枫属（*Alangium* Lam.）和山茱萸属（*Cornus* Linn.），含85种。多数为落叶或常绿树木和灌木，也有一些为多年生草本。合并后的山茱萸科的特征描述信息依然不完整。一些种单叶对生或互生，花序或假单花由4朵或5朵花簇生，果实为核果。

1. 八角枫 *Alangium chinense* (Lour.) Harms

中文异名：华瓜木

分类地位：植物界（Plantae）

　　　　　被子植物门（Angiospermae）

　　　　　双子叶植物纲（Dicotyledoneae）

　　　　　山茱萸目（Cornales）

　　　　　山茱萸科（Cornaceae）

　　　　　八角枫属（*Alangium* Lam.）

　　　　　八角枫（*Alangium chinense* (Lour.) Harms）

形态学鉴别特征：落叶乔木或灌木，高3~5m，径20cm。小枝略呈"之"字形，幼枝紫绿色，无毛或有稀疏的柔毛，冬芽锥形，生于叶柄的基部内，鳞片细小。叶纸质，近圆形、椭圆形或卵形，顶端短锐尖或钝尖，基部两侧常不对称，一侧微向下扩张，另一侧向上倾斜，阔楔形、截形，稀近于心脏形，长13~25cm，宽9~22cm，不分裂或3~9裂，裂片短锐尖或钝尖。叶面深绿色，无毛；叶背淡绿色，除脉腋有丛状毛外，其余部分近无毛。基出脉掌状，侧脉3~5对。叶柄长2.5~3.5cm，紫绿色或淡黄色，幼时有微柔毛，后无毛。聚伞花序腋生，长

八角枫树枝（徐正浩摄）

3~4cm，被稀疏微柔毛，有7~50朵花。花梗长5~15mm。总花梗长1~1.5cm。小苞片线形或披

八角枫叶面（徐正浩摄）

八角枫花序（徐正浩摄）

八角枫苗（徐正浩摄）

八角枫花期植株（徐正浩摄）

针形，长3mm，常早落。花冠圆筒形，长1~1.5cm。花萼长2~3mm，顶端分裂为5~8片齿状萼片，长0.5~1mm，宽2.5~3.5mm。花瓣6~8片，线形，长1~1.5cm，宽1mm，初为白色，后变黄色。雄蕊和花瓣同数而近等长，花丝略扁，长2~3mm，有短柔毛，花药长6~8mm，药隔无毛，外面有时有褶皱。花盘近球形。子房2室。花柱无毛，疏生短柔毛。柱头头状，常2~4裂。核果卵圆形，长5~7mm，径5~8mm，幼时绿色，成熟后黑色，顶端有宿存的萼齿和花盘，种子1粒。

  生物学特性：花期5—7月和9—10月，果期7—11月。

  生境特征：生于山地或疏林中。在三衢山喀斯特地貌中习见，生于溪边、岩石山地、山坡、路边、灌木丛、山甸、林下等生境。

  分布：东南亚及非洲东部各国有分布。

2. 光皮梾木 *Cornus wilsoniana* Wangerin

中文异名：光皮树

拉丁文异名：Swida wilsoniana (Wanger.) Sojak

英文名：wilson's dogwood

分类地位：植物界（Plantae）

被子植物门（Angiospermae）

双子叶植物纲（Dicotyledoneae）

山茱萸目（Cornales）

山茱萸科（Cornaceae）

山茱萸属（*Cornus* Linn., sensu stricto.）

光皮梾木（*Cornus wilsoniana* Wangerin）

光皮梾木树干（徐正浩摄）

形态学鉴别特征：落叶乔木，高5~18m。树皮灰色至青灰色，块状剥落。幼枝灰绿色，略具4棱，被灰色平贴短柔毛。小枝圆柱形，幼时深绿色，老时棕褐色，无毛，具黄褐色长圆形皮孔。冬芽长圆锥形，长3~6mm，密被灰白色平贴短柔毛。叶对生，纸质，椭圆形或卵状椭圆形，长6~12cm，宽2~5.5cm，先端渐尖或突尖，基部楔形或宽楔形，边缘波状，微反卷，叶面深绿色，有散生平贴短柔毛，叶背灰绿色，密被白色乳头状突起及平贴短柔毛。主脉在叶面稍明显，在叶背凸出，侧脉3~4对，弓形内弯，在叶面稍明显，在叶背微凸出。叶柄细圆柱形，长0.8~2cm，幼时密被灰白色短柔毛，老后近于无毛，上面有浅沟，下面圆形。顶生圆锥状聚伞花序，宽6~10cm，被灰白色疏柔毛。总花梗细圆柱形，长2~3cm，被平贴短柔毛。花小，白色，径7mm。花萼裂片4片，三角形，长0.4~0.5mm，长于花盘，外侧被白色短柔毛。花瓣4片，长披针形，长5mm，上面无毛，下面密被灰白色平贴短柔毛。雄蕊4枚，长6.2~6.8mm。花丝线形，长5mm，与花瓣近等长，无毛。花药线状长圆形，黄色，长2mm，"丁"字形着生。花盘垫状，无毛。花柱圆柱形，有时上部稍粗壮，长3.5~4mm，稀被贴生短柔毛。柱头小，头状。子房下位，花托倒圆锥形，径1mm，密

光皮梾木树枝（徐正浩摄）

光皮梾木叶柄（徐正浩摄）

光皮梾木叶脉（徐正浩摄）

光皮梾木果期植株（徐正浩摄）

被灰色平贴短柔毛。核果球形，径6~7mm，熟时紫黑色至黑色，被平贴短柔毛或近无毛。核骨质，球形，径4~4.5mm，肋纹不明显。

　　生物学特性：花期5月，果期10—11月。

　　生境特征：生于林中。在三衢山喀斯特地貌中习见，生于溪边、岩石山地、路边、灌木丛等生境。

　　分布：中国华东、华中、华南、西南以及陕西、甘肃等地有分布。

第3章

菝葜科 Smilacaceae

APG分类系统将肖菝葜属（*Heterosmilax* Kunth）合并入菝葜属（*Smilax* Linn.），故菝葜科（Smilacaceae）仅具1属，即菝葜属，含255种，隶属百合目（Liliales）。菝葜科植物分布于世界热带和暖温带地区。一些种的典型特性是具木质根，为攀缘或藤本植物；一些种具木质藤状茎，通常有刺；另一些种为草质藤本，葡匐状，无刺。

菝葜科的一些种为草质或木质藤本，植株体自地下根状茎抽出，通常在茎和（或）叶上生有刺。单叶互生，全缘至具刺脉。一些种叶皮质，叶脉掌状至网状，叶柄基部常具1对卷须。花序伞状。花小，不显，辐射对称，单性。花瓣6片，花瓣基部有蜜腺。雄蕊6枚。心皮3个。果实为浆果，每果含1~3粒种子。

1. 菝葜 *Smilax china* Linn.

中文异名：金刚兜

英文名：China root

分类地位：植物界（Plantae）

　　　　　　被子植物门（Angiospermae）

　　　　　　单子叶植物纲（Monocotyledoneae）

　　　　　　百合目（Liliales）

　　　　　　菝葜科（Smilacaceae）

　　　　　　菝葜属（*Smilax* Linn.）

　　　　　　菝葜（*Smilax china* Linn.）

形态学鉴别特征：攀缘灌木。根状茎粗厚，坚硬，为不规则的块状，粗2~3cm。茎长1~3m，少数可达5m，疏生刺。叶薄革质或坚纸质，干后通常呈红褐色或近古铜色，圆形、卵形或其他形状，长3~10cm，宽1.5~10cm，叶背通常呈淡绿色，较少苍白色。叶柄长5~15mm，其中占全长1/2~2/3的一侧有鞘，宽0.5~1mm。叶几乎都有卷须，少有例外，脱落点位于靠近卷须处。伞形花序生于叶尚幼嫩的小枝上，具十几朵或更多的花，常呈球形。总花梗长1~2cm。花序托稍膨大，近球形，较少稍延长，具小苞片。花黄绿色，外花被片长3.5~4.5mm，宽1.5~2mm，内花被片稍狭。雄花中花药比花丝稍宽，常弯曲。雌花与雄花大小相似，有6枚退化雄蕊。浆果径6~15mm，熟时红色，有粉霜。

菝葜果实（徐正浩摄）

菝葜花期植株（徐正浩摄）

菝葜草地生境植株（徐正浩摄）

菝葜灌木丛生境植株（徐正浩摄）

生物学特性：花期2—5月，果期9—11月。

生境特征：生于林下、灌丛、山地、草坡、路旁、河谷或山溪旁等。在三衢山喀斯特地貌中习见，主要生于灌木丛、林下、岩石山地、草坡、溪边等生境。

分布：原产于中国。朝鲜、韩国、日本、缅甸、越南、泰国、菲律宾和印度东北部等也有分布。

2. 缘脉菝葜 *Smilax nervomarginata* Hayata

分类地位：植物界（Plantae）

被子植物门（Angiospermae）

单子叶植物纲（Monocotyledoneae）

百合目（Liliales）

菝葜科（Smilacaceae）

菝葜属（*Smilax* Linn.）

缘脉菝葜（*Smilax nervomarginata* Hayata）

形态学鉴别特征：攀缘灌木。具粗、短根状茎。茎长1~2m，枝条有纵条纹，具很小的疣状突起，无刺。叶革质，矩圆形、椭圆形至卵状椭圆形，长6~12cm，宽1.5~6cm，先端渐尖，基部钝，主脉5~7条，中脉在叶面明显凸出，最外侧的2条脉几乎与叶缘结合。叶柄长6~18mm，具鞘部分不到全长的1/3，有卷须，脱落点位于近顶端。伞形花序生于叶腋或苞片腋部，具几朵至10余朵花。总花梗稍扁而细，比叶柄长2~4倍。花序托稍膨大。雄花紫褐色，内外花被片相似，长2.5mm，宽1mm。浆果径7~10mm。

生物学特性：花期4—5月，果期10月。

生境特征：生于林中、灌丛下或路旁。在三衢山喀斯特地貌中习见，生于岩石山地、石缝、灌木丛、林下、山坡、林缘、溪边等生境。

分布：中国华东、华中等地有分布。日本也有分布。

缘脉菝葜茎叶（徐正浩摄）　　　缘脉菝葜岩石生境植株（徐正浩摄）　　　缘脉菝葜山地灌木丛生境植株（徐正浩摄）

3. 土茯苓 *Smilax glabra* Roxb.

中文异名：刺猪苓、过山龙、光叶菝葜

分类地位：植物界（Plantae）

被子植物门（Angiospermae）

单子叶植物纲（Monocotyledoneae）

百合目（Liliales）

菝葜科（Smilacaceae）

菝葜属（*Smilax* Linn.）

土茯苓（*Smilax glabra* Roxb.）

土茯苓花序（徐正浩摄）

土茯苓花期植株（徐正浩摄）

土茯苓山地生境植株（徐正浩摄）

土茯苓灌丛生境植株（徐正浩摄）

　　形态学鉴别特征：多年生常绿攀缘灌木。根状茎块状，坚硬，常由匍匐根茎相连接，径2~5cm，表面黑褐色。茎长1~4m，光滑，无刺。叶薄革质，狭椭圆状披针形至狭卵状披针形，长6~15cm，宽1~4cm，先端渐尖，基部圆形或楔形，叶背通常绿色，有时带苍白色。主脉3条。叶柄长5~15mm，占全长的1/4~2/3，具翅状鞘，狭披针形，几乎全与柄合生。叶有卷须，脱落点位于近顶端。伞形花序通常具10余朵花。总花梗长1~8mm，通常明显短于叶柄，极少与叶柄近等长。在总花梗与叶柄之间有1个芽。花序托膨大，连同多数宿存的小苞片呈莲座状，宽2~5mm。花绿白色，六棱状扁球形，径3mm。雄花外花被片近扁圆形，宽2mm，兜状，背面中央具纵槽；内花被片近圆形，较小，宽1mm，边缘有不规则细齿。雄蕊6枚，靠合，与内花被片近等长，花丝极短，花药近圆球形。雌花与雄花大小相似，外轮花被片背面中央无明显纵槽，内花被片边缘无齿，具3枚退化雄蕊。浆果径7~10mm，熟时紫黑色，具白粉霜。种子长1mm。

　　生物学特性：花期7—8月，果期11月至翌年4月。

　　生境特征：生于林中、灌丛、河岸或山谷，也见于林缘与疏林中。在三衢山喀斯特地貌中习见，生于灌丛、岩石山地、草地、林下、林缘等生境。

　　分布：中国长江流域及其以南地区有分布。越南、泰国、印度等也有分布。

第4章

大戟科 Euphorbiaceae

大戟科为第五大开花植物科，隶属金虎尾目（Malpighiales）。大戟科下分3个亚科，即铁苋菜亚科（Acalyphoideae）、大戟亚科（Euphorbioideae）和巴豆亚科（Crotonoideae），含37族，具300属，7500种。

大戟科的绝大多数物种为草本，少数物种，尤其是生长于非洲的，为树木或灌木。大多数分布于热带，而其中以东南亚和美洲热带地区较多。一些物种在非洲热带地区出现，但其丰富度不及东南亚和美洲热带地区。地中海、中东、南非和美国南部也有较多大戟科物种。

大戟科植物的叶轮生，稀对生，具托叶。单叶或掌状复叶。托叶可退化为毛、腺体或刺，而肉质植物则无托叶。雌雄同株或异株。单性花辐射对称。雄蕊1~10枚或更多。雌花为下位花，子房上位。大戟族和大戟亚族的属具假单花，称为杯状聚伞花序。果实常为分裂果，但有时为核果。典型的分裂果为弹裂蒴果，具3室或多室，熟时开裂，再爆裂，弹出细小种子。

1. 白背叶 *Mallotus apelta* (Lour.) Muell. Arg.

中文异名：酒药子树、野桐、白背桐、吊粟

分类地位：植物界（Plantae）

　　　　被子植物门（Angiospermae）

　　　　双子叶植物纲（Dicotyledoneae）

　　　　金虎尾目（Malpighiales）

　　　　大戟科（Euphorbiaceae）

　　　　野桐属（*Mallotus* Lour.）

　　　　白背叶（*Mallotus apelta*（Lour.）Muell. Arg.）

形态学鉴别特征：灌木或小乔木。植株高1~4m。小枝、叶柄和花序均密被淡黄色星状柔毛，散生橙黄色颗粒状腺体。叶互生，卵形或阔卵形，稀心形，长和宽相近，为6~20cm，顶端急尖或渐尖，基部截平或稍心形，边缘具疏齿，叶面干后为黄绿色或暗绿色，无毛或被疏毛，叶背被灰白色星状茸毛，散生橙黄色颗粒状腺体。基出脉5条，最下1对常不明显，侧脉6~7对。基部近叶柄处有褐色斑状腺体2个。叶柄长5~15cm。雌雄异株。雄花序为展开的圆锥花序或穗状，长15~30cm，苞片卵形，长1~1.5mm，雄花多朵簇生于苞腋。雄花：花梗长1~2.5mm；花蕾卵形或球形，长2~2.5mm，花萼裂片4片，卵形或卵状三角形，长2~3mm，外

白背叶花序（徐正浩摄）

白背叶成株（徐正浩摄）

白背叶花期生境植株（徐正浩摄）

面密生淡黄色星状毛，内面散生颗粒状腺体；雄蕊50~75枚，长2~3mm。雌花序穗状，长15~30cm，稀有分枝，花序梗长5~15cm，苞片近三角形，长1~2mm。雌花：花梗极短；花萼裂片3~5片，卵形或近三角形，长2.5~3mm，外面密生灰白色星状毛和颗粒状腺体；花柱3~4个，长2~3mm，基部合生，柱头密生羽毛状突起。蒴果近球形，密生被灰白色星状毛的线形软刺，黄褐色或浅黄色，长5~10mm。种子近球形，径3~3.5mm，褐色或黑色，具皱纹。

生物学特性：花期6—9月，果期8—11月。

生境特征：生于山坡或山谷灌丛。在三衢山喀斯特地貌中习见，生于岩石山地、灌木丛等生境。

分布：中国西北、华中、华东、华南、西南等地有分布。越南也有分布。

2. 粗糠柴 *Mallotus philippensis* (Lam.) Muell. Arg.

中文异名：香檀、香桂树、香楸藤、菲岛桐、红果果

英文名：kamala tree, red kamala, kumkum tree

分类地位：植物界（Plantae）

  被子植物门（Angiospermae）

   双子叶植物纲（Dicotyledoneae）

    金虎尾目（Malpighiales）

     大戟科（Euphorbiaceae）

      野桐属（*Mallotus* Lour.）

       粗糠柴（*Mallotus philippensis*（Lam.）Muell. Arg.）

形态学鉴别特征：小乔木或灌木，高2~18m。小枝、嫩叶和花序均密被黄褐色短星状柔毛。叶互生或有时小枝的顶部对生，近革质，卵形、长圆形或卵状披针形，长5~20cm，宽3~6cm，顶端渐尖，基部圆形或楔形，边近全缘，叶面无毛，叶背被灰黄色星状短茸毛，叶脉上具长柔毛，散生红色颗粒状腺体。基出脉3条，侧脉4~6对。近基部有褐色斑状腺体2~4个。叶柄长2~7cm，两端稍增粗，被星状毛。雌雄异株。花序总状，顶生或腋生，单生或数个簇生。雄花序长5~10cm，苞片卵形，长0.5~1mm，雄花1~5朵簇生于苞腋，花梗长1~2mm。雄花：花萼裂片3~4片，长圆形，长1~2mm，密被星状毛，具红色颗粒状腺体；雄蕊15~30枚，药隔稍宽。雌花序长3~8cm，果序长达16cm，苞片卵形，长0.5~1mm。雌花：花梗长1~2mm；花萼裂片3~5片，卵状披针形，外面密被星状毛，长2~3mm；子房被毛，花柱2~3个，长3~4mm，柱头密生羽毛状突起。蒴果扁球形，径6~8mm，具2~3个分果瓣，密被红色颗粒状腺体和粉末状毛。种子卵形或球形，黑色，具光泽。

生物学特性：花期4—5月，果期5—8月。

生境特征：生于山地林中或林缘。在三衢山喀斯特地貌中为优势种，生于岩石山地、路边、灌木丛、乔灌木林、山坡等生境，在岩石山地、路边等生境常形成单一优势种群，在灌木

粗糠柴轮生叶（徐正浩摄）

粗糠柴花（徐正浩摄）

粗糠柴植株（徐正浩摄）

粗糠柴花期岩石生境植株（徐正浩摄）

丛、山坡等生境中常形成优势种。

分布：中国华东、华中、华南、西南等地有分布。亚洲南部和东南部、大洋洲热带地区有分布。

3. 算盘子 *Glochidion puberum* (Linn.) Hutch.

中文异名：算盘珠、红毛馒头果、野南瓜、柿子椒、狮子滚球、棵杯墨、矮子郎

分类地位：植物界（Plantae）

被子植物门（Angiospermae）

双子叶植物纲（Dicotyledoneae）

金虎尾目（Malpighiales）

大戟科（Euphorbiaceae）

算盘子属（*Glochidion* J. R. Forst. ex G. Forst.）

算盘子（*Glochidion puberum*（Linn.）Hutch.）

形态学鉴别特征：直立灌木。高1~5m，多分枝。小枝灰褐色。小枝、叶背、萼片外面、子房和果实均密被短柔毛。叶片纸质或近革质，长圆形、长卵形或倒卵状长圆形，稀披针形，长3~8cm，宽1~2.5cm，顶端钝、急尖、短渐尖或圆，基部楔形至钝，叶面灰绿色，仅中脉被疏短柔毛或几无毛，叶背粉绿色。侧脉每边5~7条，在叶背凸起，网脉明显。叶柄长1~3mm。托叶三角形，长1mm。花小，雌雄同株或异株，2~5朵簇生于叶腋内，雄花束常着生于小枝下部，雌花束则在上部，或有时雌花和雄花生于同一叶腋内。雄花：花梗长4~15mm；萼片6片，狭长圆形或长圆状倒卵形，长2.5~3.5mm；雄蕊3枚，合生呈圆柱状。雌花：花梗长1mm；萼片6片，与雄花的相似，但较短而厚；子房圆球状，5~10室，每室有2颗胚珠，花柱合生呈环状，长宽与子房几相等，与子房连接处缢缩。蒴果扁球状，径8~15mm，边缘有8~10条纵沟，成熟时带红色，顶端具有环状而稍伸长的宿存花柱。种子近肾形，具3棱，长4mm，朱红色。

生物学特性：花期4—8月，果期7—11月。

生境特征：生于山坡、溪旁灌木丛中或林缘。在三衢山喀斯特地貌中习见，分布于林缘、灌木丛等生境。

分布：中国西南、华南、东南、华中、华西和华东有分布。日本也有分布。

算盘子花（徐正浩摄）

算盘子果实（徐正浩摄）

算盘子初花果期植株（徐正浩摄）

4. 乌桕 *Triadica sebifera* (Linn.) Small

中文异名：木子树、柏子树、腊子树

拉丁文异名：*Sapium sebiferum* (Linn.) Roxb.

英文名：Chinese tallow, Chinese tallow tree, Florida aspen, chicken tree, gray popcorn tree, candleberry tree

分类地位：植物界（Plantae）

被子植物门（Angiospermae）

双子叶植物纲（Dicotyledoneae）

金虎尾目（Malpighiales）

大戟科（Euphorbiaceae）

乌桕属（*Triadica* Lour.）

乌桕（*Triadica sebifera*（Linn.）Small）

形态学鉴别特征：乔木。高达15m。各部均无毛而具乳状汁液。树皮暗灰色，有纵裂纹。枝广展，具皮孔。叶互生，纸质，菱形、菱状卵形，稀菱状倒卵形，长3~8cm，宽3~9cm，顶端骤然紧缩，具长短不等的尖头，基部阔楔形或钝，全缘。中脉在两面微凸起，侧脉6~10对，纤细，网状脉明显。叶柄纤细，长2.5~6cm，顶端具2个腺体。托叶顶端钝，长1mm。花单性，雌雄同株，聚集成顶生、长6~12cm的总状花序。雌花通常生于花序轴最下部。雄花生于花序轴上部或有时整个花序全为雄花。雄花：花梗纤细，长1~3mm，向上渐粗；苞片阔卵形，长和宽近相等，约为2mm，顶端略尖，基部两侧各具1个近肾形的腺体，每一苞片内具10~15朵花；小苞片3片，不等大，边缘撕裂状；花萼杯状，3浅裂，裂片钝，具不规则的细齿；雄蕊2枚，稀3枚，伸出于花萼之外，花丝分离，与球状花药近等长。雌花：花梗粗壮，长3~3.5mm；苞片3深裂，裂片渐尖，基部两侧的腺体与雄花的相同，每一苞片内仅1朵雌花，间有1朵雌花和数朵雄花聚生于同一苞腋内；花萼3深裂，裂片卵形至卵头披针形，顶端短尖至渐尖；子房卵球形，平滑，3室，花柱3个，基部合生，柱头外卷。蒴果梨状球形，成熟时黑色，

乌桕枝叶（徐正浩摄）

乌桕叶（徐正浩摄）

乌桕果实（徐正浩摄）

乌桕花期植株（徐正浩摄）

径1~1.5cm，具3粒种子，分果瓣脱落后而中轴宿存。种子扁球形，黑色，长8mm，宽6~7mm，外被白色、蜡质的假种皮。

　　生物学特性：花期4—8月。

　　生境特征：生于旷野、塘边或疏林中。在三衢山喀斯特地貌中生于山甸、岩石山地、路边、溪边等生境。

　　分布：中国黄河以南各地，以及陕西、甘肃有分布。日本、越南、印度也有分布。

第5章

泡桐科 Paulowniaceae

APG分类系统中，泡桐科（Paulowniaceae）隶属唇形目（Lamiales），具4属。其中来江藤属（*Brandisia* Hook. f. et Thoms.）从列当科（Orobanchaceae）中分出，而其他3个属，泡桐属（*Paulownia* Sieb. et Zucc.）、美丽桐属（*Wightia* Wall.）和秀英花属（*Shiuyinghua* J. Paclt.）则从紫葳科（Bignonianceae）中分出。

1. 白花泡桐 *Paulownia fortunei* (Seem.) Hemsl.

中文异名：白花桐、大果泡桐

英文名：dragon tree

分类地位：植物界（Plantae）

被子植物门（Angiospermae）

双子叶植物纲（Dicotyledoneae）

唇形目（Lamiales）

泡桐科（Paulowniaceae）

泡桐属（*Paulownia* Sieb. et Zucc.）

白花泡桐（*Paulownia fortunei*（Seem.）Hemsl.）

白花泡桐树干（徐正浩摄）

白花泡桐果实（徐正浩摄）

白花泡桐果期植株（徐正浩摄）

白花泡桐生境植株（徐正浩摄）

形态学鉴别特征：乔木。高达30m。树冠圆锥形，主干直，胸径达2m，树皮灰褐色，幼枝、叶、花序各部和幼果均被黄褐色星状茸毛，叶柄、叶面和花梗渐变无毛。叶长卵状心形，有时为卵状心形，长达20cm，顶端长渐尖或锐尖，突尖长达2cm，新枝上的叶有时2裂，叶背有星状毛及腺，成熟叶背面密被茸毛，有时毛很稀疏至近无毛，柄长达12cm。花序狭长圆柱形，长20~25cm，小聚伞花序有花3~8朵。总花梗几乎与花梗等长。萼倒圆锥形，长2~2.5cm。花冠管状漏斗形，白色，仅背面稍带紫色或浅紫色，长8~12cm，管部在基部以上不突然膨大，而逐渐向上扩大，稍稍向前曲，腹部无明显纵褶，内部密布紫色细斑块。雄蕊长3~3.5cm，有疏腺。子房有腺，有时具星状毛，花柱长5~5.5cm。蒴果长圆形或长圆状椭圆形，长6~10cm，顶端喙长达6mm，宿萼开展或呈漏斗状。种子连翅长6~10mm。

生物学特性：花期3—4月，果期7—8月。

生境特性：在三衢山喀斯特地貌中生于岩石山地等生境。

分布：中国西南、华南、华中和华东等地有分布。老挝和越南也有分布。

第6章

壳斗科 Fagaceae

　　壳斗科（Fagaceae）隶属壳斗目（Fagales），具8属，含927种。落叶或常绿乔木和灌木。其重要特征为叶轮生，具羽状脉，单性花呈荑荑状，果实为杯状坚果。叶常浅裂，具叶柄和托叶。果实居于鳞状或刺状壳斗中。坚果包裹于壳斗中，含1~7粒种子。栎属（Quercus Linn.）的栎树，果实为无壳斗的坚果，常含1粒种子，称为栎实。在多数栎属中，栎实的壳斗仅形成杯，内具坚果；另一些种的壳斗完全包裹坚果。

1. 橿子栎 *Quercus baronii* Skan

　　中文异名：橿子树

　　分类地位：植物界（Plantae）

　　　　　　　　被子植物门（Angiospermae）

　　　　　　　　双子叶植物纲（Dicotyledoneae）

　　　　　　　　壳斗目（Fagales）

　　　　　　　　壳斗科（Fagaceae）

　　　　　　　　栎属（*Quercus* Linn.）

　　　　　　　　橿子栎（*Quercus baronii* Skan）

　　形态学鉴别特征：半常绿灌木或乔木，高达15m。小枝幼时被星状柔毛，后渐脱落。叶片卵状披针形，长3~6cm，宽1.3~2cm，顶端渐尖，基部圆形或宽楔形，叶缘1/3以上有锐锯齿。叶片幼时两面疏被星状微柔毛，叶背中脉有灰黄色长茸毛，后渐脱落，侧脉每边6~7条，纤细，在叶片两面微凸起。叶柄长3~7mm，被灰黄色茸毛。雄花序长1.5~2cm，花序轴被茸毛；雌花序长1~1.5cm，具1朵至数朵花。壳斗杯形，包裹1/2~2/3坚果，径1.2~1.8cm，高0.8~1cm；小苞片钻形，长3~5mm，反曲，被灰白色短柔毛。坚果卵形或椭圆形，径1~1.2cm，高1.5~1.8cm；顶端平或微凹陷；果脐微凸起，径4~5mm。

　　生物学特性：花期4月，果期翌年9月。

橿子栎果期植株
（徐正浩摄）

櫟子栎枝叶（徐正浩摄）

生境特征：山坡、山谷杂木林中，常生于石灰岩山地。在三衢山喀斯特地貌中习见，主要生于岩石山地、乔灌木丛、灌木丛、路边山地等生境。

分布：中国山西、陕西、甘肃、河南、湖北、四川、浙江等地有分布。

櫟子栎叶（徐正浩摄）

櫟子栎果实壳斗与坚果（徐正浩摄）

2. 白栎 *Quercus fabri* Hance

中文异名：小白栎

英文名：Faber's oak

分类地位：植物界（Plantae）

被子植物门（Angiospermae）

双子叶植物纲（Dicotyledoneae）

壳斗目（Fagales）

壳斗科（Fagaceae）

栎属（*Quercus* Linn.）

白栎（*Quercus fabri* Hance）

形态学鉴别特征：常绿、落叶乔木，稀灌木。高达20m。小枝被褐色毛。叶倒卵形或倒卵状椭圆形，长6~15cm，宽2.5~8cm，先端钝，基部楔形，边缘具波状钝齿，侧脉8~12对，柄长5~6mm。壳斗碗状，长7~8mm，径0.8~1cm。坚果长椭圆形，长1.5~1.8cm，径0.8~1cm。

生物学特性：花期5月，果期10月。

白栎枝叶（徐正浩摄）

白栎果实（徐正浩摄）

白栎果期植株（徐正浩摄）

白栎果期生境植株（徐正浩摄）

　　生境特征：生于山地或低海拔的丘陵地带。在三衢山喀斯特地貌中生于岩石山地、山甸等生境。

　　分布：中国淮河以南、长江流域等地广布。

3. 苦槠　*Castanopsis sclerophylla* (Lindl. ex Paxton) Schott.

中文异名：结节锥栗，槠栗，苦槠锥，血槠，苦槠子

拉丁文异名：Quercus chinensis C. Abel, Quercus sclerophylla Lindl. ex Paxton

英文名：Chinese tanbark-oak

分类地位：植物界（Plantae）

　　　　　被子植物门（Angiospermae）

　　　　　双子叶植物纲（Dicotyledoneae）

　　　　　壳斗目（Fagales）

　　　　　壳斗科（Fagaceae）

　　　　　锥属（*Castanopsis* (D. Don) Spach）

　　　　　苦槠（*Castanopsis sclerophylla* (Lindl. ex Paxton) Schott.）

形态学鉴别特征：乔木，高5~10m，胸径30~50cm。树皮浅纵裂，片状剥落，小枝灰色，散生皮孔，当年生枝红褐色，略具棱，枝、叶均无毛。叶2列，革质，长椭圆形、卵状椭圆形或兼有倒卵状椭圆形，长7~15cm，宽3~6cm，顶部渐尖或骤狭急尖，短尾状，基部近于圆形或宽楔形，通常一侧略短且偏斜，叶缘在中部以上有锯齿状锐齿，很少兼有全缘叶，中脉在叶面下半段微凸起，在叶面上半段微凹陷。叶柄长1.5~2.5cm。花序轴无毛，雄穗状花序通常单穗腋生，雄蕊12~10枚，雌花序长达15cm。果序长8~15cm，壳斗有坚果1个，偶有2~3个，圆球形或半圆球形，全包或包着坚果的大部分，径12~15mm，壳壁厚1mm以内，不规则瓣状爆裂，小苞片鳞片状，大部分退化并横向连生成脊肋状圆环，或仅基部连生，呈环带状突起，外壁被黄棕色微柔毛。坚果近圆球形，径10~14mm，顶部短尖，被短伏毛，果脐位于坚果的底部，宽7~9mm，子叶平凸，有涩味。

生物学特性：喜阳光充足的环境，耐旱。花期4—5月，果当年10—11月成熟。

生境特征：生于丘陵或山坡疏或密林中。在三衢山喀斯特地貌中习见，生于乔木林、灌木丛、山地、坡地、山甸、路边、草地等生境。

分布：多产于中国长江以南、五岭以北各地，西南地区仅见于四川东部及贵州东北部。

苦槠枝叶（徐正浩摄）

苦槠花（徐正浩摄）

苦槠坚果（徐正浩摄）

苦槠果期植株（徐正浩摄）

4. 青冈 *Cyclobalanopsis glauca* (Thunb.) Oerst.

中文异名：青冈栎、铁槠

英文名：ring-cupped oak, Japanese blue oak, glaucous-leaf oak

分类地位：植物界（Plantae）

被子植物门（Angiospermae）

双子叶植物纲（Dicotyledoneae）

壳斗目（Fagales）

壳斗科（Fagaceae）

青冈属（*Cyclobalanopsis* Oerst.）

青冈（*Cyclobalanopsis glauca*（Thunb.）Oerst.）

青冈花序（徐正浩摄）

青冈果实（徐正浩摄）

青冈坚果（徐正浩摄）

青冈果期植株（徐正浩摄）

形态学鉴别特征：多年生常绿乔木。深根性直根系，耐干燥，可生长于多石砾的山地。高达20m，胸径达1m。小枝无毛。叶革质，倒卵状椭圆形或长椭圆形，长6~13cm，宽2~5.5cm，顶端渐尖或短尾状，基部圆形或宽楔形，叶缘中部以上有疏锯齿，侧脉每边9~13条，叶背支脉明显，叶面无毛，叶背有整齐平伏白色单毛，老时渐脱落，常有白色鳞秕。叶柄长1~3cm。雄花序长5~6cm，花序轴被苍色茸毛。果序长1.5~3cm，着生果2~3个。壳斗碗形，包着1/3~1/2坚果，径0.9~1.4cm，高0.6~0.8cm，被薄毛。小苞片合生成5~6条同心环带，环带全缘或有细缺刻，排列紧密。坚果卵形、长卵形或椭圆形，径0.9~1.4cm，高1~1.6cm，无毛或被薄毛，果脐平坦或微凸起。种子具肉质子叶，富含淀粉，发芽时子叶不出土。

生物学特性：花期4—5月，果期10月。

生境特征：生于山坡或沟谷。在三衢山喀斯特地貌中习见，生于山地、坡地、路边、山甸等生境。

分布：中国华东、华中、华南、西南以及陕西、甘肃等地有分布。朝鲜、日本、印度也有分布。

第7章

茜草科 Rubiaceae

茜草科（Rubiaceae）隶属龙胆目（Gentianales），具631属，含13500余种，为第四大被子植物科。其重要特征为：单叶对生，多数全缘；具叶柄间托叶；管状合瓣花，花冠辐射对称；子房下位。茜草科植物广布于世界，主要分布于热带和亚热带地区。

茜草科植物常为灌木，有时为乔木或草本，还有附生植物，如蚁巢木属（Myrmecodia Jack）。叶不裂，全缘，常为椭圆形，基部楔形，顶端尖。叶序交叉着生，稀轮生，如肥柱花属（Fadogia Schweinf.），或稀互生。叶片内表面常有腺体，称为"黏液毛"，它们分泌黏性物质，起到保护幼芽的作用。花序为聚伞花序，稀单花，如紫冠茜属（Rothmannia Thunb.）。花序顶生或腋生，或成对生于节。花通常两性，为上位花。花被2轮。花萼在一些属，如假繁缕属（Theligonum Linn.）中缺如。花萼4~5片，基部合生。花冠合瓣，4~6个裂片，如黑首蓿属（Richardia Linn.），多数辐射对称，管状，白色、奶油色或黄色（如栀子属，Gardenia J. Ellis），稀蓝色或红色。雄蕊4枚或5枚，与花瓣互生或在花瓣上着生。雌蕊由合心皮组成，子房下位，稀半上位。中轴胎座，稀侧膜胎座。倒生胚珠至横生，单胚珠。果实为浆果、蒴果、核果或分果。多数果实径1cm。种子富含胚乳。

1. 白马骨 *Serissa serissoides* (DC.) Druce.

中文异名：路边姜、路边荆
分类地位：植物界（Plantae）
　　　　　　被子植物门（Angiospermae）
　　　　　　双子叶植物纲（Dicotyledoneae）
　　　　　　龙胆目（Gentianales）
　　　　　　茜草科（Rubiaceae）
　　　　　　白马骨属（*Serissa* Comm. ex A. L. Jussieu）
　　　　　　白马骨（*Serissa serissoides*（DC.）Druce）

形态学鉴别特征：小灌木，通常高达1m。枝粗壮，灰色，被短毛，后毛脱落变无毛，嫩枝被微柔毛。叶通常丛生，薄纸质，倒卵形或倒披针形，长1.5~4cm，宽0.7~1.3cm，顶端短尖或近短尖，基部收狭成1个短柄，除叶背被疏毛外，其余无毛。侧脉每边2~3条，上举，在叶片两面均凸起，小脉不明显。托叶具锥形裂片，长2mm，基部阔，膜质，被疏毛。花无梗，生于

白马骨花（徐正浩摄）

白马骨岩石生境植株（徐正浩摄）

小枝顶部，有苞片。苞片膜质，斜方状椭圆形，长渐尖，长6mm，具疏散小缘毛。花托无毛。萼檐裂片5片，坚挺延伸，呈披针状锥形，极尖锐，长4mm，具缘毛。花冠管长4mm，外面无毛，喉部被毛，裂片5片，长圆状披针形，长2.5mm。花药内藏，长1.3mm。花柱柔弱，长7mm，2裂，裂片长1.5mm。

生物学特性：花期4—6月。

生境特征：生于荒地或草坪。在三衢山喀斯特地貌中主要生于山地、林下或岩石生境。

分布：中国长江以南各地有分布。日本也有分布。

2. 鸡仔木 *Sinoadina racemosa* (Sieb. et Zucc.) Ridsd.

中文异名：水冬瓜

分类地位：植物界（Plantae）

被子植物门（Angiospermae）

双子叶植物纲（Dicotyledoneae）

龙胆目（Gentianales）

茜草科（Rubiaceae）

鸡仔木属（*Sinoadina* Ridsd.）

鸡仔木（*Sinoadina racemosa*（Sieb. et Zucc.）Ridsd.）

形态学鉴别特征：半常绿或落叶乔木，高4~12m。未成熟的顶芽呈金字塔形或圆锥形。树皮灰色，粗糙，小枝无毛。叶对生，薄革质，宽卵形、卵状长圆形或椭圆形，长9~15cm，宽5~10cm，顶端短尖至渐尖，基部心形或钝，有时偏斜，叶面无毛，间或有稀疏的毛，叶背无毛或有白色短柔毛。侧脉6~12对，无毛或有稀疏的毛，脉腋窝陷无毛或有稠密的毛。叶柄长3~6cm，无毛或有短柔毛。托叶2裂，裂片近圆形，早落。头状花序径4~7mm，常每10个排成聚伞状圆锥花序。花具小苞片，花萼管密被苍白色长柔毛，萼裂片密被长柔毛。花冠淡黄色，长7mm，外面密被苍白色微柔毛，花冠裂片三角状，外面密被细棉毛状微柔毛。果序径

鸡仔木茎叶（徐正浩摄）

鸡仔木果期植株（徐正浩摄）

鸡仔木树干（徐正浩摄）

鸡仔木果期生境植株（余黎红摄）

11~15mm。蒴果倒卵状楔形，长5mm，具稀疏毛。

生物学特性：花、果期5—12月。

生境特征：喜生于向阳处。多生长于山林中或山地溪边。在三衢山喀斯特地貌中偶见，生于岩石山地、山坡等。

分布：中国华东、华中、华南、西南等地有分布。日本、泰国和缅甸等国也有分布。

第8章

柏科 Cupressaceae

柏科（Cupressaceae）隶属松目（Pinales），具27~30属，含130~140种。雌雄同株，稀雌雄异株。成熟树干树皮常为橘黄色至红色至棕色，纤维状，垂直片状剥落，条状刨片光滑，鳞片状，坚硬，一些种呈方块状开裂。

叶片螺旋状排列，交叉对生（每对与前一对成90°角），或3、4片轮生。幼树叶片针状，成株叶片小，鳞状，一些种整个生育期为针状。多数老叶不各自脱落，但落枝出现在小叶上。树梢上的叶可发育成枝。这些叶至树皮开始脱落时才落。多数种为常绿树，叶片2~10年不落。

球果木质、革质或肉质，每个鳞片具1颗至几颗胚珠。苞片种鳞和胚珠种鳞，除顶部外，融合于一体。球果鳞片螺旋状排列，交叉对生或轮生。种子小，压扁状，具2个狭翅。

1. 柏木 *Cupressus funebris* Endl.

中文异名：香扁柏、垂丝柏、扫帚柏、柏木树、柏香树、柏树

英文名：Chinese weeping cypress

分类地位：植物界（Plantae）

　　　　　　松柏门（Pinophyta）

　　　　　　　松柏纲（Pinopsida）

　　　　　　　　松目（Pinales）

　　　　　　　　　柏科（Cupressaceae）

　　　　　　　　　　柏木属（*Cupressus* Linn.）

　　　　　　　　　　　柏木（*Cupressus funebris* Endl.）

形态学鉴别特征：常绿乔木。高达35m，胸径2m。小枝细长下垂，生鳞叶的小枝扁，排成一平面，两面同形，绿色。较老的小枝圆柱形，暗褐紫色，略有光泽。鳞叶2型，长1~1.5mm，先端锐尖，中央叶的背部有条状腺点，两侧的叶对折，背部有棱脊。雄球花椭圆形或卵圆形，长2.5~3mm。雌球花近球形，长3~6mm，径3~3.5mm。球果圆球形，径8~12mm，熟时暗褐色。种鳞4对，顶端为不规则五角形或方形，宽5~7mm，中央有尖头或无，能育种鳞有5~6粒种子。种子宽倒卵状菱形或近圆形，扁，熟时淡褐色，有光泽，长2~2.5mm，边缘具窄翅。

生物学特性：花期3—5月，种子翌年5—6月成熟。

生境特征：生于山地、岩石缝、景观绿地等。在三衢山喀斯特地貌有分布，生于岩石山

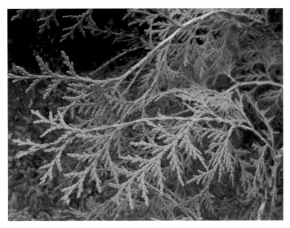

柏木鳞叶（徐正浩摄）

柏木景观植株（徐正浩摄）

柏木居群（徐正浩摄）

地、山地等生境。

　　分布：中国特有树种，第一批国家重点保护野生植物。中国华东、华中、西南、华南等地有分布。

2. 侧柏 *Platycladus orientalis* (Linn.) Franco.

中文异名：香柯树、香树、扁桧、香柏

英文名：Chinese thuja, Oriental arborvitae, Chinese arborvitae, biota, oriental thuja

分类地位：植物界（Plantae）

　　　　　　松柏门（Pinophyta）

　　　　　　　松柏纲（Pinopsida）

　　　　　　　　松目（Pinales）

　　　　　　　　　柏科（Cupressaceae）

　　　　　　　　　　侧柏属（*Platycladus* Spach）

　　　　　　　　　　　侧柏（*Platycladus orientalis*（Linn.）Franco）

形态学鉴别特征：乔木。树皮薄，浅灰褐色，纵裂成条片。枝条向上伸展或斜展，幼树树冠卵状尖塔形，老树树冠则为广圆形。生鳞叶的小枝细，向上直展或斜展，扁平，排成一平面。植株高达20m，胸径达1m。叶鳞形，长1~3mm，先端微钝，小枝中央的叶的露出部分呈倒卵状菱形或斜方形，背面中间有条状腺槽，两侧的叶船形，先端微内曲，背部有钝脊，尖

头的下方有腺点。雄球花黄色，卵圆形，长1~2mm；雌球花近球形，径1~2mm，蓝绿色，被白粉。球果近卵圆形，长1.5~2.5cm，成熟前近肉质，蓝绿色，被白粉，成熟后木质，开裂，红褐色。中间两对种鳞倒卵形或椭圆形，鳞背顶端的下方有1个向外弯曲的尖头，上部1对种鳞窄长，近柱状，顶端有向上的尖头。下部1对种鳞极小，长达13mm，稀退化而不显著。种子卵圆形或近椭圆形，顶端微尖，灰褐色或紫褐色，长6~8mm，稍有棱脊，无翅或有极窄之翅。

侧柏鳞叶（徐正浩摄）

侧柏球果期植株（徐正浩摄）

侧柏果期生境植株（徐正浩摄）

生物学特性：花期3—4月，球果10月成熟。

生境特征：常栽培作庭园树。在三衢山喀斯特地貌中生于山地、岩石区块等生境。

分布：几遍中国。朝鲜也有分布。

3. 杉木 *Cunninghamia lanceolata* (Lamb.) Hook.

中文异名：杉、刺杉、木头树、正杉、沙树、沙木、本地极杉

英文名：slash pine

分类地位：植物界（Plantae）

松柏门（Pinophyta）

松柏纲（Pinopsida）

松目（Pinales）

柏科（Cupressaceae）

杉木属（*Cunninghamia* R. Br.）

杉木（*Cunninghamia lanceolata*（Lamb.）Hook.）

杉木枝叶（徐正浩摄）

杉木2列状叶（徐正浩摄）

杉木果期植株（徐正浩摄）

杉木球果成熟期植株（徐正浩摄）

　　形态学鉴别特征：乔木，高达30m，胸径可达2.5~3m。幼树树冠尖塔形，大树树冠圆锥形，树皮灰褐色，裂成长条片脱落，内皮淡红色。大枝平展，小枝近对生或轮生，常成2列状，幼枝绿色，光滑无毛。冬芽近圆形，有小型叶状的芽鳞，花芽圆球形、较大。叶在主枝上辐射伸展，侧枝的叶基部扭转成2列状，披针形或条状披针形，通常微弯、呈镰状、革质、坚硬，长2~6cm，宽3~5mm，边缘有细缺齿，先端渐尖，稀微钝，叶面深绿色，有光泽，除先端及基部外两侧有窄气孔带，微具白粉或白粉不明显，叶背淡绿色，沿中脉两侧各有1条白粉气孔带。老树的叶通常较窄短，较厚，叶面无气孔线。雄球花圆锥状，长0.5~1.5cm，有短梗，通常40余个簇生于枝顶。雌球花单生或2~4个集生，绿色，苞鳞横椭圆形，先端急尖，上部边缘膜质，有不规则的细齿，长宽几相等，为3.5~4mm。球果卵圆形，长2.5~5cm，径3~4cm；熟时苞鳞革质，棕黄色，三角状卵形，长1.7cm，宽1.5cm，先端有坚硬的刺状尖头，边缘有不规则的锯齿，向外反卷或不反卷，背面的中肋两侧有2条稀疏气孔带；种鳞很小，先端3裂，侧裂较大，裂片分离，先端有不规则细锯齿，腹面着生3粒种子。种子扁平，遮盖着种鳞，长卵形或矩圆形，暗褐色，有光泽，两侧边缘有窄翅，长7~8mm，宽5mm；子叶2枚，发芽时出土。

　　生物学特性：花期4月，球果10月下旬成熟。

生境特征：丘陵山地、山坡、混交林等。在三衢山喀斯特地貌中习见，生于岩石山地、乔木林、山坡、灌木丛、路边等生境。

分布：中国华东、华中等地有分布。越南北部、老挝和柬埔寨也有分布。

第9章

樟科 Lauraceae

樟科（Lauraceae）隶属樟目（Laurales），具45属，2850种，主要分布于暖温带和热带地区，特别是东南亚和南美洲。多数种为芳香型，为常绿树木或灌木，但一些种，如檫木属（*Sassafras* Trew），为落叶树种。菟丝子属（*Cassytha* Linn.）是樟科（Lauraceae）中独特的属，为寄生性藤本。

绝大多数樟科植物为常绿树木。果实为核果，具1粒种子，包裹于一层硬内果皮中。内果皮薄，因此，果实类似于具1粒种子的浆果。一些种的果实，特别是樟桂属（*Ocotea* Aubl.），部分沉入或覆盖在杯状或深的壳斗中，使果实外形类似栎实。在山胡椒属（*Lindera* Thunb.）的一些种中，果实基部有果托。

1. 豹皮樟 *Litsea coreana* Levl. var. *sinensis* (Allen) Yang et P. H. Huang

中文异名：朝鲜木姜子、鹿皮斑木姜子

分类地位：植物界（Plantae）

被子植物门（Angiospermae）

双子叶植物纲（Dicotyledoneae）

樟目（Laurales）

樟科（Lauraceae）

木姜子属（*Litsea* Lam.）

豹皮樟（*Litsea coreana* Levl. var. *sinensis*（Allen）Yang et

P. H. Huang）

形态学鉴别特征：常绿乔木，植株高8~15m，胸径30~40cm。树皮灰色，呈小鳞片状剥落，脱落后呈豹皮斑痕。幼枝红褐色，老枝黑褐色，均无毛。顶芽卵圆形，先端钝，鳞片无毛或仅上部有毛。叶互生，倒卵状椭圆形或倒卵状披针形，长4.5~9.5cm，宽1.4~4cm，先端钝渐尖。叶基部楔形，革质，叶面深绿色，叶背粉绿色，两面无毛，具羽状脉，侧脉每边7~10条，在两面微凸起，中脉在两面凸起，网脉不明显。叶柄长6~16mm，无毛。伞形花序腋生，无总梗或有极短的总梗。苞片4片，交互对生，近圆形，外面被黄褐色丝状短柔毛，内面无毛。每一花序有花3~4朵。花梗粗短，密被长柔毛。花被裂片6片，卵形或椭圆形，外面被柔毛。雄蕊9枚，花丝有长柔毛，腺体箭形，有柄。雌花中子房近于球形，花柱有稀疏柔毛，柱头2裂。退化雄

豹皮樟果实（徐正浩摄）

豹皮樟植株（徐正浩摄）

豹皮樟树干（徐正浩摄）

豹皮樟花期生境植株（余黎红摄）

蕊丝状，有长柔毛。无退化雌蕊。果近球形，径7~8mm。果托扁平，宿存有6裂花被裂片。果梗长3~5mm，粗壮。

　　生物学特性：花期8—9月，果期翌年夏季。

　　生境特征：生于山谷杂木林。在三衢山喀斯特地貌中习见，常生于岩石山地、乔灌木林、灌木丛、路边等生境。

　　分布：中国华东、华中等地有分布。

2. 檫木　*Sassafras tzumu* (Hemsl.) Hemsl.

中文异名：檫树、山檫、青檫

分类地位：植物界（Plantae）

　　　　　　　被子植物门（Angiospermae）

双子叶植物纲（Dicotyledoneae）

樟目（Laurales）

樟科（Lauraceae）

檫木属（*Sassafras* Trew）

檫木（*Sassafras tzumu*（Hemsl.）Hemsl.）

形态学鉴别特征：落叶乔木。顶芽大，具鳞片，鳞片近圆形，外面密被绢毛。叶互生，聚集于枝顶，坚纸质，具羽状脉或离基三出脉，异型，不分裂或2~3浅裂。雌雄异株。花通常单性，或明显两性但功能上为单性，具梗。总状花序（假伞形花序）顶生，少花，疏松，下垂，具梗，基部有迟落互生的总苞片，苞片线形至丝状。花被黄色，花被筒短，花被裂片6片，排成2轮，近相等，在基部以上脱落。雄花：能育雄蕊9枚，着生于花被筒喉部，呈3轮排列，近相等，花丝丝状，被柔毛，长于花药，扁平，第1、第2轮花丝无腺体，第3轮花丝基部有一对具短柄的腺体，花药卵圆状长圆形，先端钝但常为微凹，或全部为4室，上下2室相叠排列，上方2室较小，或第1轮花药有时为3室而上方1室不育但有时为2室而各室能育，第2、第3轮花药全部为2室，药室均为内向或第3轮花药下2室侧向；退化雄蕊3枚或无，存在时位于最内轮，与第3轮雄蕊互生，三角状钻形，具柄；退化雌蕊有或无。雌花：退化雄蕊6枚，排成2轮，或为

檫木枝叶（徐正浩摄）

檫木叶序（徐正浩摄）

檫木植株（徐正浩摄）

檫木生境植株（徐正浩摄）

12枚，排成4轮，后种情况类似于雄花的能育雄蕊及退化雄蕊；子房卵形，几乎无梗地着生于短花被筒中，花柱纤细，柱头盘状增大。果为核果，卵球形，深蓝色，基部有浅杯状的果托。果梗伸长，上端渐增粗，无毛。种子长圆形，先端有尖头，种皮薄。胚近球形，直立。

生物学特性：花期3—4月，果期5—9月。

生境特征：常生于疏林或密林中。在三衢山喀斯特地貌中生于山地、岩石、乔灌木丛等生境。

分布：中国华东、华中、华南、西南等地有分布。

3. 浙江樟 *Cinnamomum chekiangense* Nakai

中文异名：浙江桂

分类地位：植物界（Plantae）

被子植物门（Angiospermae）

双子叶植物纲（Dicotyledoneae）

樟目（Laurales）

樟科（Lauraceae）

樟属（*Cinnamomum* Trew）

浙江樟（*Cinnamomum chekiangense* Nakai）

形态学鉴别特征：常绿乔木。植株高10~15m，胸径30~35cm。枝条细弱，圆柱形，无毛，红色，具香气。叶近对生或在枝条上部者互生，卵圆状长圆形至长圆状披针形，长7~10cm，宽3~3.5cm，先端锐尖至渐尖，基部宽楔形或钝形，革质。叶面绿色，光亮；叶背灰绿色，晦暗。叶片两面无毛。离基三出脉，中脉直贯叶端，在叶片上部有少数支脉，基生侧脉自叶基1~1.5cm处斜向生出，向叶缘一侧有少数支脉，有时自叶基处生出一对隆起的附加支脉，中脉及侧脉两面隆起。细脉在叶面密集而呈明显的网结状，但在叶背呈细小的网孔。叶柄粗壮，腹凹背凸，红褐色，无毛。圆锥花序腋生，长3~10cm，总梗长1.5~3cm，与长5~7mm的花梗均无毛，末端为3~5朵花的聚伞花序。花长3~4.5mm。花被筒倒锥形，短小，长1~1.5mm，花被裂片6片，卵圆形，长2~3mm，宽1~2mm，先端锐尖，外面无毛，内面被柔毛。能育雄蕊9枚，内藏，花药长0.5~1mm，卵圆状椭圆形，先端钝，4

浙江樟树干（徐正浩摄）

浙江樟叶（徐正浩摄）

浙江樟三出离基脉（徐正浩摄）

浙江樟花期植株（徐正浩摄）

室，第1、第2轮花药药室内向，第3轮花药药室外向，花丝长1~2mm，被柔毛，第1、第2轮花丝无腺体，第3轮花丝近中部有一对圆状肾形腺体。退化雄蕊3枚，位于最内轮。子房卵珠形，长0.5~1mm，略被微柔毛，花柱稍长于子房，柱头盘状。果实长圆形，长5~7mm，宽3.5~5mm，无毛。果托浅杯状，顶部极开张，宽达5mm，边缘极全缘或具浅圆齿，基部骤然收缩成细长的果梗。

生物学特性：花期4—5月，果期7—9月。幼年期耐阴。喜温暖湿润气候，适宜微酸性或中性土壤。

生境特征：生于山坡、沟谷、杂木林。在三衢山喀斯特地貌中习见，主要生于山坡、山甸、岩石山地、路边等生境。

分布：中国华东、华中、华北等地有分布。

4. 黑壳楠 *Lindera megaphylla* Hemsl.

中文异名：八角香、花兰、猪屎楠、鸡屎楠、大楠木

分类地位：植物界（Plantae）

　　　　被子植物门（Angiospermae）

　　　　　双子叶植物纲（Dicotyledoneae）

　　　　　　樟目（Laurales）

　　　　　　　樟科（Lauraceae）

　　　　　　　　山胡椒属（*Lindera* Thunb.）

　　　　　　　　　黑壳楠（*Lindera megaphylla* Hemsl.）

形态学鉴别特征：常绿乔木，植株高3~25m，胸径达35cm以上，树皮灰黑色。枝条圆柱形，粗壮，紫黑色，无毛，散布木栓质凸起的近圆形纵裂皮孔。顶芽大，卵形，长1.5cm，芽鳞外面被白色微柔毛。叶互生，倒披针形至倒卵状长圆形，有时长卵形，长10~23cm，先端急尖或渐尖，基部渐狭，革质。叶面深绿色，有光泽，叶背淡绿苍白色，两面无毛，具羽状脉，侧脉每边15~21条。叶柄长1.5~3cm，无毛。伞形花序多花，雄的多达16朵，雌的12朵，通常着生于叶腋长3.5mm具顶芽的短枝上，具总梗。雄花序总梗长1~1.5cm，雌花序总梗长6mm，两者均密被黄褐色或有时近锈色微柔毛，内面无毛。雄花黄绿色，花梗长5~6mm，密被黄褐色柔毛；花被片6片，椭圆形，外轮长4.5mm，宽2.8mm，外面仅下部或背部略被黄褐色小柔毛，内轮略短；花丝被疏柔毛，第3轮的基部有2个长达2mm具柄的三角漏斗形腺体；退化雌蕊长2~2.5mm，无毛；子房卵形，花柱纤细，柱头不明显。雌花黄绿色，花梗长1.5~3mm，密被黄褐色柔毛；花被片6片，线状匙形，长2.5mm，宽仅1mm，外面仅下部或略沿脊部被黄褐色柔毛，内面无毛；

黑壳楠果期植株（余黎红摄）

退化雄蕊9枚，线形或棍棒形，基部具髯毛，第3轮的中部有2个具柄三角漏斗形腺体；子房卵形，长1.5mm，无毛，花柱极纤细，长4.5mm，柱头盾形，具乳突。果实椭圆形至卵形，长1.5~1.8cm，宽1~1.3cm，成熟时紫黑色，无毛，果梗长1.5cm，向上渐粗壮，粗糙，散布有明显栓皮质皮孔。宿存果托杯状，长6~8mm，径达1.5cm，全缘，略呈微波状。

生物学特性：花期2—4月，果期9—12月。

生境特征：生于山坡、谷地湿润常绿阔叶林或灌丛。在三衢山喀斯特地貌中零星分布，主要生于岩石山地、路边等生境。

分布：中国华东、华中、华南、西南以及陕西等地有分布。

5. 山鸡椒　*Litsea cubeba* (Lour.) Pers.

中文异名：木姜子、山苍子、山苍树、臭油果树、赛梓树、臭樟子、山姜子

英文名：aromatic litsea, may chang

分类地位：植物界（Plantae）

　　　　　　被子植物门（Angiospermae）

　　　　　　　双子叶植物纲（Dicotyledoneae）

　　　　　　　　樟目（Laurales）

　　　　　　　　　樟科（Lauraceae）

　　　　　　　　　　木姜子属（*Litsea* Lam.）

　　　　　　　　　　　山鸡椒（*Litsea cubeba* (Lour.) Pers.）

形态学鉴别特征：多年生落叶灌木或小乔木。植株高达8~10m。幼树树皮黄绿色，光滑，老树树皮灰褐色。小枝细长，绿色，无毛，枝、叶具芳香味。顶芽圆锥形，外面具柔毛。叶互生，披针形或长圆形，长4~11cm，宽1.1~2.4cm，先端渐尖，基部楔形，纸质，叶面深绿色，叶背粉绿色，两面均无毛，羽状脉，侧脉每边6~10条，纤细，中脉、侧脉在两面均凸起。叶柄长6~20mm，纤细，无毛。伞形花序单生或簇生，总梗细长，长6~10mm。苞片边缘有睫毛。每个花序有花4~6朵，花开放先于叶长出或与叶长出同时，花被裂片6片，宽卵形。能育雄蕊9枚，花丝中下部有毛，第3轮基部的腺体具短柄，退化雌蕊无毛。雌花中退化雄蕊中下部具柔毛。子房卵形，花柱短，柱头头状。果近球形，径4~5mm，无毛，幼时绿色，成熟时黑色，果梗长2~4mm，先端稍增粗。

山鸡椒叶序（徐正浩摄）

山鸡椒幼果期植株（徐正浩摄）

生物学特性：花期2—3月，果期7—8月。

生境特征：生于向阳山地、灌丛、疏林、林中路旁或水边。在三衢山喀斯特地貌中偶见，生于山地、山坡、路边等生境。

分布：中国西南、华南、东南、华中和华东等地有分布。南亚和东南亚也有分布。

6. 樟 *Cinnamomum camphora* (Linn.) Presl.

中文异名：香樟、芳樟、油樟、樟木、乌樟、臭樟

英文名：camphor tree, camphorwood, camphor laurel

分类地位：植物界（Plantae）

被子植物门（Angiospermae）

双子叶植物纲（Dicotyledoneae）

樟目（Laurales）

樟科（Lauraceae）

樟属（*Cinnamomum* Trew）

樟（*Cinnamomum camphora*（Linn.）Presl）

形态学鉴别特征：多年生落叶灌木或小乔木。植株高达8~10m。幼树树皮黄绿色，光滑，老树树皮灰褐色。小枝细长，绿色，无毛，枝、叶具芳香味。顶芽圆锥形，外面具柔毛。叶互生，披针形或长圆形，长4~11cm，宽1.1~2.4cm，先端渐尖，基部楔形，纸质，叶面深绿色，叶背粉绿色，两面均无毛，具羽状脉，侧脉每边6~10条，纤细、中脉、侧脉在两面均凸起。叶

樟离基三出脉（徐正浩摄）

樟初花期植株（徐正浩摄）

樟果期植株（徐正浩摄）

樟景观植株（徐正浩摄）

柄长6~20mm，纤细，无毛。伞形花序单生或簇生，总梗细长，长6~10mm。苞片边缘有睫毛。每个花序有花4~6朵，花开放先于叶长出或与叶长出同时，花被裂片6片，宽卵形。能育雄蕊9枚，花丝中下部有毛，第3轮基部的腺体具短柄，退化雌蕊无毛。雌花中退化雄蕊中下部具柔毛。子房卵形，花柱短，柱头头状。果近球形，径4~5mm，无毛，幼时绿色，成熟时黑色，果梗长2~4mm，先端稍增粗。

生物学特性：花期2—3月，果期7—8月。

生境特征：生于向阳山地、灌丛、林中路旁、水边。在三衢山喀斯特地貌中偶见，生于山地、山坡、路边等生境。

分布：中国西南、华南、东南、华中和华东等地有分布。南亚和东南亚也有分布。

7. 乌药 *Lindera aggregate* (Sims) Kosterm

中文异名：铜钱树、天台乌药、斑皮柴、白背树、细叶樟、土木香、白叶子树、香叶子

英文名：evergreen lindera, Japanese evergreen spicebush

分类地位：植物界（Plantae）

被子植物门（Angiospermae）

双子叶植物纲（Dicotyledoneae）

樟目（Laurales）

樟科（Lauraceae）

山胡椒属（*Lindera* Thunb. nom. conserv.）

乌药（*Lindera aggregate*（Sims）Kosterm）

形态学鉴别特征：常绿灌木或小乔木，高可达5m，胸径4cm。树皮灰褐色。幼枝青绿色，具纵向细条纹，密被金黄色绢毛，后渐脱落，老枝无毛，干时褐色。顶芽长椭圆形。叶互生，卵形、椭圆形至近圆形，通常长2.7~5cm，宽1.5~4cm，有时长可达7cm，先端长渐尖或尾尖，基部圆形，革质或有时近革质，叶面绿色，有光泽，叶背苍白色，幼时密被棕褐色柔毛，后渐脱落，偶见残存斑块状黑褐色毛片，两面有小凹窝，三出脉，中脉及第一对侧脉上面通常凹下，少有凸出，下面明显凸出。叶柄长0.5~1cm，有褐色柔毛，后毛渐脱落。伞形花序腋生，无总梗，常6~8个花序集生于短枝上，每花序有1片苞片。花被片6片，近等长，外面被白色柔毛，内面无毛，黄色或黄绿色，偶有外乳白色内紫红色。花梗长0.4mm，被柔毛。雄花花被片长4mm，宽2mm；雄蕊长3~4mm，花丝被疏柔毛，第3轮有2个宽肾形具柄腺体，着生于花丝基部，有时第2轮也有1~2个腺体；退化雌蕊坛状。雌花花被片长2.5mm，宽2mm，退化雄蕊长条片状，被疏柔毛，长1.5mm，第3轮基部着生2个具柄腺体；子房椭圆形，长1.5mm，被褐色短柔毛，柱头头状。果卵形或有时近圆形，长0.6~1cm，径4~7mm。

生物学特性：花期3—4月，果期5—11月。

生境特征：生于向阳坡地、山谷或疏林灌丛中。在三衢山喀斯特地貌中习见，生于林下、

乌药茎叶（徐正浩摄）

乌药山地生境植株（徐正浩摄）

灌木丛、路边、林缘等生境。

分布：中国华东、华中、华南、西南等地有分布。越南、菲律宾等国也有分布。

8. 山胡椒 *Lindera glauca* (Sieb. et Zucc.) Bl.

中文异名：牛筋树、雷公子、假死柴、野胡椒、香叶子、油金条

分类地位：植物界（Plantae）

被子植物门（Angiospermae）

双子叶植物纲（Dicotyledoneae）

樟目（Laurales）

樟科（Lauraceae）

山胡椒属（*Lindera* Thunb. nom. conserv.）

山胡椒（*Lindera glauca*（Sieb. et Zucc.）Bl）

形态学鉴别特征：落叶灌木或小乔木，高可达8m。树皮平滑，灰色或灰白色。冬芽（混合芽）长角锥形，长1.5cm，径4mm，芽鳞裸露部分红色，幼枝条白黄色，初有褐色毛，后脱落成无毛。叶互生，宽椭圆形、椭圆形、倒卵形至狭倒卵形，长4~9cm，宽2~6cm，叶面深绿色，叶背淡绿色，被白色柔毛，纸质，羽状脉，侧脉每侧4~6条。叶枯后不落，翌年新叶发出时落下。伞形花序腋生，总梗短或不明显，长一般不超过3mm，生于混合芽中的总苞片绿色膜质，每个总苞有3~8朵花。雄花花被片黄色，椭圆形，长2.2mm，内、外轮几乎相等，外面在背脊部被柔毛；雄蕊9枚，近等长，花丝无毛，第3轮的基部着生2个具角突宽肾形

山胡椒叶背（徐正浩摄）

山胡椒果期植株（徐正浩摄）　　　　　　　　　山胡椒乔木林植株（徐正浩摄）

腺体，柄基部与花丝基部合生，有时第2轮雄蕊花丝也着生1个较小腺体；退化雌蕊细小，椭圆形，长1mm，上有一小突尖；花梗长1.2cm，密被白色柔毛。雌花花被片黄色，椭圆或倒卵形，内、外轮几乎相等，长2mm，外面在背脊部被稀疏柔毛或仅基部有少数柔毛；退化雄蕊长1mm，条形，第3轮的基部着生2个长0.5mm具柄的不规则肾形腺体，腺体柄与退化雄蕊中部以下合生；子房椭圆形，长1.5mm，花柱长0.3mm，柱头盘状；花梗长3~6mm，熟时黑褐色；果梗长1~1.5cm。

生物学特性：花期3~4月，果期7~8月。

生境特征：生于山坡、林缘、路旁。在三衢山喀斯特地貌中习见，生于林下、灌木丛、岩石山地、路边、林缘等生境。

分布：中国山东昆仑山以南、河南嵩县以南以及甘肃、台湾等地有分布。印度、朝鲜、日本也有分布。

🌿 9. 紫楠 *Phoebe sheareri* (Hemsl.) Gamble.

中文异名：黄心楠

分类地位：植物界（Plantae）

　　　　　被子植物门（Angiospermae）

　　　　　　双子叶植物纲（Dicotyledoneae）

　　　　　　　樟目（Laurales）

　　　　　　　　樟科（Lauraceae）

　　　　　　　　　楠属（*Phoebe* Linn.）

　　　　　　　　　　紫楠（*Phoebe sheareri* (Hemsl.) Gamble）

形态学鉴别特征：多年生大灌木至乔木。高5~15m。树皮灰白色。小枝、叶柄及花序密被黄褐色或灰黑色柔毛或茸毛。叶革质，倒卵形、椭圆状倒卵形或阔倒披针形，通常长12~18cm，宽4~7cm，先端突渐尖或突尾状渐尖，基部渐狭，叶面完全无毛或沿脉上有毛，叶

紫楠花（徐正浩摄）

紫楠果实（徐正浩摄）

紫楠植株（徐正浩摄）

背密被黄褐色长柔毛，少为短柔毛，中脉和侧脉在叶面下陷，侧脉每边8~13条，弧形，在边缘联结，横脉及小脉多而密集，结成明显网格状，叶柄长1~2.5cm。圆锥花序长7~18cm，在顶端分枝。花长4~5mm，花被片近等大，卵形，两面被毛。能育雄蕊各轮花丝被毛，至少在基部被毛，第3轮特别密，腺体无柄，生于第3轮花丝基部，退化雄蕊花丝全被毛。子房球形，无毛，花柱通常直，柱头不明显或盘状。果卵形，长1cm，径5~6mm，果梗略增粗，被毛。宿存花被片卵形，两面被毛，松散。种子单胚性，两侧对称。

生物学特性：花期4—5月，果期9—10月。

生境特征：生于山地阔叶林。在三衢山喀斯特地貌中习见，生于岩石山地、路边、乔木林等生境。

分布：中国东南、华中和华东等地有分布。越南也有分布。

第10章

桑科 Moraceae

桑科（Moraceae）隶属蔷薇目（Rosales），具8属，1100余种。多数分布于热带或亚热带地区，温带地区较少。桑科的共源性状是柔组织中具乳汁管和乳汁。通常具2个心皮，有时1个退化。复合花不明显。果实为复合果。桑科的花常为假单花。

花小，单轮或花被缺失。多数花有花瓣或花萼。雌蕊和雄蕊在不同的花中的，称为"单性花"。叶片单叶，着生于茎或互生，浅裂或不裂，常绿或落叶。多数果实为含种子的肉果。

1. 薜荔 *Ficus pumila* Linn.

中文异名：凉粉子、凉粉果、冰粉子、鬼馒头、木馒头

英文名：creeping fig, climbing fig

分类地位：植物界（Plantae）

被子植物门（Angiospermae）

双子叶植物纲（Dicotyledoneae）

蔷薇目（Rosales）

桑科（Moraceae）

榕属（*Ficus* Linn.）

薜荔（*Ficus pumila* Linn.）

形态学鉴别特征：攀缘或匍匐灌木。叶2型，不结果枝节上生不定根。叶卵状心形，长2~2.5cm，薄革质，基部稍不对称，尖端渐尖，叶柄短，结果枝上无不定根，革质，卵状椭圆形，长5~10cm，宽2~3.5cm，先端急尖至钝形，基部圆形至浅心形，全缘，叶面无毛，叶背被黄褐色柔毛，基生叶脉延长，网脉3~4对，在叶面下陷，在叶背凸起，网脉甚明显，呈蜂窝状，叶柄长5~10mm，托叶2片，披针形，被黄褐色丝状毛。榕果单生于叶腋，瘿花果梨形，雌花果近球形，长4~8cm，径3~5cm，顶部截平，略具短钝头或为脐状突起，基部收窄成一短柄，基生苞片宿存，三角状卵形，密被长柔毛，总梗粗短。雄花生于榕果内壁口部，多数，排为几行，有梗，花被片2~3片，线形，雄蕊2枚，花丝短。瘿花具梗，花被片3~4片，线形，花柱侧生，短。雌花生于另一植株榕果内壁，花梗长，花被片4~5片。瘦果近球形，有黏液。种子全部被肉质假种皮包裹。

生物学特性：花果期5—8月。

薛荔果枝（徐正浩摄）

薛荔果期植株（徐正浩摄）

薛荔居群（徐正浩摄）

生境特征：生于林下、石壁等。在三衢山喀斯特地貌中习见，生于岩石山地或沿树干攀缘生长。

分布：中国西南、华南、华中、华北和华东等地有分布。越南和日本也有分布。

2. 楮 *Broussonetia kazinoki* Sieb.

中文异名：小构树

分类地位：植物界（Plantae）

被子植物门（Angiospermae）

双子叶植物纲（Dicotyledoneae）

蔷薇目（Rosales）

桑科（Moraceae）

构属（*Broussonetia* L'Hér. ex Vent.）

楮（*Broussonetia kazinoki* Sieb.）

形态学鉴别特征：多年生落叶灌木，有时蔓生。小枝暗紫红色，幼时被短柔毛，后秃净。叶厚纸质，长6~12cm，宽4~6cm，先端长渐尖，基部圆，基部三出脉，边缘具锯齿，不裂或2~3裂，叶面绿色，被糙伏毛。雄花萼片3~4片，雄蕊3~4枚。雌花的花序梗长4~5mm；花萼筒状，包裹子房；柱头2个，1长1短，紫红色。聚花果球形，径0.6~1cm，小核果橙红色。

楮枝叶（徐正浩摄）

楮果枝（徐正浩摄）

楮果期植株（徐正浩摄）

生物学特性：花期4月，果期6月。

生境特征：生于阳光充足的山地或林缘。在三衢山喀斯特地貌中习见，主要生于林下、灌木丛、山坡、草坡、溪边等生境。

分布：中国长江中下游以南地区有分布。朝鲜半岛和日本也有分布。

3. 构树 *Broussonetia papyrifera* (Linn.) L'Hér. ex Vent.

英文名：paper mulberry

分类地位：植物界（Plantae）

被子植物门（Angiospermae）

双子叶植物纲（Dicotyledoneae）

蔷薇目（Rosales）

桑科（Moraceae）

构属（*Broussonetia* L'Hér. ex Vent.）

构树（*Broussonetia papyrifera* (Linn.) L'Hér. ex Vent.）

形态学鉴别特征：多年生乔木。高10~20m。树皮暗灰色，小枝密生柔毛。叶螺旋状排列，广卵形至长椭圆状卵形，长6~18cm，宽5~9cm，先端渐尖，基部心形，两侧常不相等，边缘具粗锯齿，不分裂或3~5裂，小树的叶常有明显分裂，叶面粗糙，疏生糙毛，叶背密被茸毛，基生叶脉三出，侧脉6~7对。叶柄长2.5~8cm，密被糙毛。托叶大，卵形，狭渐尖，长1.5~2cm，

构树雄花序（徐正浩摄）

构树雌花序（徐正浩摄）

构树果期植株（徐正浩摄）

宽0.8~1cm。雌雄异株。雄花序为菜荑花序，粗壮，长3~8cm，苞片披针形，被毛，花被4裂，裂片三角状卵形，被毛，雄蕊4枚，花药近球形，退化雌蕊小。雌花序球形头状，苞片棍棒状，顶端被毛，花被管状，顶端与花柱紧贴，子房卵圆形，柱头线形，被毛。聚花果径1.5~3cm，成熟时橙红色，肉质。瘦果具柄，表面具小瘤，龙骨双层，外果皮壳质。

生物学特性：花期4—5月，果期6—7月。

生境特征：生于乔灌木丛、溪边、路边、山地等。在三衢山喀斯特地貌中习见，主要生于岩石山地、乔灌木丛、山坡、溪边等生境。

分布：中国除西北和东北以外大部分地区有分布。南亚、东南亚、北亚和太平洋岛屿等有分布。

4. 葡蟠 *Broussonetia kaempferi* Sieb.

中文异名：藤葡蟠、山楮、谷皮叶、纸皮、藤纸皮、尖叶楮皮

分类地位：植物界（Plantae）

被子植物门（Angiospermae）

双子叶植物纲（Dicotyledoneae）

蔷薇目（Rosales）

桑科（Moraceae）

构属（*Broussonetia* L'Hér. ex Vent.）

葡蟠（*Broussonetia kaempferi* Sieb.）

形态学鉴别特征：落叶灌木，常呈蔓状。树皮黑褐色。高可达3m。小枝显著伸长，略呈"之"字形，幼时被浅褐色柔毛，不久变光滑，呈暗紫红色。叶互生，螺旋状排列，卵状椭圆形，长3.5~8cm，宽2~3cm，先端渐尖至尾尖，基部心形或截形，边缘锯齿细，齿尖具腺体，不裂，稀为2~3裂；叶面绿色，稍粗糙；叶背淡绿色，有细毛；叶柄长8~10mm，被毛。雌雄异株。雄花序呈短穗状，长1.5~2.5cm，花序轴1cm；花被片3~4片，裂片外面被毛，雄蕊通常4

葡蟠叶（徐正浩摄）

枚，花药黄色，椭圆球形，退化雌蕊小。雌花生于新枝上部叶腋，集生为球形头状花序，花萼管状，花柱线形，延长，子房上位，有柄。聚花果径1cm，红色。

生物学特性：花期4—6月，果期5—7月。

生境特征：生于山谷灌丛中或沟边山坡路旁。在三衢山喀斯特地貌中习见，生于林下、灌木丛、岩石山地、林缘、溪边等生境。

分布：中国华东、华南、西南等地有分布。

葡蟠果实（徐正浩摄）

葡蟠灌木林生境植株（徐正浩摄）

5. 鸡桑 *Morus australis* Poir.

中文异名：小叶桑、集桑、山桑

英文名：Korean mulberry

分类地位：植物界（Plantae）

被子植物门（Angiospermae）

双子叶植物纲（Dicotyledoneae）

蔷薇目（Rosales）

桑科（Moraceae）

桑属（*Morus* Linn.）

鸡桑（*Morus australis* Poir.）

鸡桑岩石生境植株（徐正浩摄）

形态学鉴别特征：灌木或小乔木，树皮灰褐色，冬芽大，圆锥状卵圆形。叶卵形，长5~14cm，宽3.5~12cm，先端急尖或尾状，基部楔形或心形，边缘具粗锯齿，不分裂或3~5裂，叶面粗糙，密生短刺毛，叶背疏被粗毛。叶柄长1~1.5cm，被毛。托叶线状披针形，早落。雄花序长1~1.5cm，被柔毛，雄花绿色，具短梗，花被片卵形，花药黄色。雌花序球形，长1cm，密被白色柔毛，雌花花被片长圆形，暗绿色，花柱很长，柱头2裂，内面被柔毛。聚花果短椭圆形，径1cm，成熟时红色或暗紫色。

生物学特性：花期3—4月，果期4—5月。

生境特征：常生于石灰岩山地或林缘及荒地。在三衢山喀斯特地貌中偶见，主要生于岩石山地、岩石阴湿处、林缘等生境。

分布：中国东北、华北、华东、华南、西南等地有分布。朝鲜、日本、斯里兰卡、不丹、尼泊尔及印度也有分布。

6. 蒙桑 *Morus mongolica* (Bereau) C. K. Schneid.

中文异名：岩桑

分类地位：植物界（Plantae）

被子植物门（Angiosperms）

双子叶植物纲（Dicotyledoneae）

蔷薇目（Rosales）

桑科（Moraceae）

桑属（*Morus* Linn.）

蒙桑（*Morus mongolica*（Bereau）C. K. Schneid.）

形态学鉴别特征：小乔木或灌木，树皮灰褐色，纵裂。小枝暗红色，老枝灰黑色。冬芽卵圆形，灰褐色。叶长椭圆状卵形，长8~15cm，宽5~8cm，先端尾尖，基部心形，边缘具三角形单锯齿，稀为重锯齿，齿尖有长刺芒，两面无毛。叶柄长2.5~3.5cm。雄花序长3cm，雄花被暗黄色，外面及边缘被长柔毛，花药2室，纵裂。雌花序短圆柱状，长1~1.5cm，总花梗纤细，长1~1.5cm。雌花花被片外面上部疏被柔毛，或近无毛。花柱长，柱头2裂，内面密生乳头状突起。聚花果长1.5cm，成熟时红色至紫黑色。

生物学特性：花期3—4月，果期4—5月。

生境特征：生于山地或林中。在三衢山喀斯特地貌中常见，主要生于岩石山地、灌木丛等生境。

分布：中国东北、华东、华中、华北、西南等地有分布。蒙古、朝鲜、日本也有分布。

蒙桑果期植株（徐正浩摄）

蒙桑岩石生境植株（徐正浩摄）

蒙桑岩石生境果期植株（徐正浩摄）

🌿 7. 柘树 *Maclura tricuspidata* Carrière

中文异名：柘、灰桑、黄桑、

英文名：cudrang, mandarin melon berry, silkworm thorn, Chinese mulberry

分类地位：植物界（Plantae）

　　　　被子植物门（Angiospermae）

　　　　双子叶植物纲（Dicotyledoneae）

　　　　蔷薇目（Rosales）

　　　　桑科（Moraceae）

　　　　橙桑属（*Maclura* Nutt.）

　　　　柘树（*Maclura tricuspidata* Carrière）

形态学鉴别特征：落叶灌木或小乔木，高1~7m。树皮灰褐色，小枝无毛，略具棱，有棘刺，刺长5~20mm。冬芽赤褐色。叶卵形或菱状卵形，长5~14cm，宽3~6cm，先端渐尖，基部楔形至圆形，叶面深绿色，叶背绿白色，无毛或被柔毛，侧脉4~6对。叶柄长1~2cm，被微柔毛。雌雄异株。雌雄花序均为球形头状花序，单生或成对腋生，总花梗短。雄花序径

0.3~0.5cm，雄花有苞片2片，附着于花被片上，花被片4片，肉质，先端肥厚，内卷，内面有黄色腺体2个，雄蕊4枚，与花被片对生，花丝在花芽时直立，退化雌蕊锥形。雌花序径1~1.5cm，花被片与雄花同数，花被片先端盾形，内卷，内面下部有2个黄色腺体，子房埋于花被片下部。聚花果近球形，径2~2.5cm，肉质，成熟时橘红色。

生物学特性：花期5—6月，果期6—7月。

生境特征：生于阳光充足的山地或林缘。在三衢山喀斯特地貌中习见，生于岩石山地、乔灌木丛、山地、路边等生境。

分布：中国华北、华东、中南、西南等地有分布。朝鲜也有分布。

柘树树干（徐正浩摄）

柘树枝干（徐正浩摄）

柘树幼果（徐正浩摄）

柘树聚花果（徐正浩摄）

柘树苗（徐正浩摄）

第11章

锦葵科 Malvaceae

锦葵科（Malvaceae）隶属锦葵目（Malvales），具244属，含4225种。APG分类系统将以往的木棉科（Bombacaceae）、椴树科（Tiliaceae）和梧桐科（Sterculiaceae）3个科合并入锦葵科（Malvaceae），使其成为属数量较大的被子植物科。合并后的锦葵科共9个亚科，即锦葵亚科（Malvoideae）、木棉亚科（Bombacoideae）、梧桐亚科（Sterculioideae）、椴亚科（Tilioideae）、扁担杆亚科（Grewioideae）、刺果藤亚科（Byttnerioideae）、山芝麻亚科（Helicteroideae）、杯萼椴亚科（Brownlowioideae）和非洲芙蓉亚科（Dombeyoideae）。

锦葵科的描述依然存在争议。大多数植物种为草本和灌木，少数为乔木和藤本。茎常具粗刺。单叶轮生，螺旋状，具叶柄；掌状分裂或掌状复叶，常具掌状脉、网状脉。叶片常具托叶；具水孔或无；两面具不规则气孔；具腺体毛或无；具分泌腔或无。花常两性，稀雌雄异株或杂性。花单生或集聚成聚伞花序。常无隐头花序。下位花无花盘。果实肉质或非肉质，或为分裂果。分果瓣1~100个，具毛囊或小坚果。也可为蒴果，或为浆果。蒴果室背开裂。种子富含胚乳，具毛或无。子叶2片。胚常弯曲，胚孔锯齿形。

1. 扁担杆 *Grewia biloba* G. Don

英文名：bilobed grexia

分类地位：植物界（Plantae）

被子植物门（Angiospermae）

双子叶植物纲（Dicotyledoneae）

锦葵目（Malvales）

锦葵科（Malvaceae）

扁担杆属（*Grewia* Linn.）

扁担杆（*Grewia biloba* G. Don）

形态学鉴别特征：灌木或小乔木，高1~4m，多分枝。嫩枝被粗毛。叶薄革质，椭圆形或倒卵状椭圆形，长4~9cm，宽2.5~4cm，先端锐尖，基部楔形或钝，两面有稀疏星状粗毛。基出脉3条，两侧脉上行过半，中脉有侧脉3~5对，边缘有细锯齿。叶柄长4~8mm，被粗毛。托叶钻形，长3~4mm。聚伞花序腋生，多花，花序柄长小于1cm。花柄长3~6mm。苞片钻形，长3~5mm。萼片狭长圆形，长4~7mm，外面被毛，内面无毛。花瓣长1~1.5mm。雌雄蕊柄长

扁担杆枝叶（徐正浩摄）

扁担杆花序（徐正浩摄）

扁担杆果期植株（徐正浩摄）

0.5mm，有毛，雄蕊长2mm，子房有毛，花柱与萼片平齐，柱头扩大，盘状，有浅裂。核果红色，有2~4颗分核。

生物学特性：花期5—7月。

生境特征：生于山地、林下、灌丛等。在三衢山喀斯特地貌中生于岩石、林下和灌木丛等生境。

分布：中国华东、华中、西南、华南等地有分布。

2. 梧桐 *Firmiana simplex* (Linn.) W. F. Wight.

拉丁文异名：*Firmiana platanifolia*（Linn. f.）Marsili

英文名：Chinese parasol tree, wutong

分类地位：植物界（Plantae）

被子植物门（Angiospermae）

双子叶植物纲（Dicotyledoneae）

锦葵目（Malvales）

锦葵科（Malvaceae）

梧桐属（*Firmiana* Marsili）

梧桐（*Firmiana simplex*（Linn.）W. F. Wight）

形态学鉴别特征：落叶乔木，高达16m。树皮青绿色，平滑。叶心形，掌状3~5裂，径15~30cm，裂片三角形，顶端渐尖，基部心形，两面均无毛或略被短柔毛，基生脉7条，叶柄与叶片等长。圆锥花序顶生，长20~50cm，下部分枝长达12cm，花淡黄绿色；萼5深裂几至基部，萼片条形，向外卷曲，长7~9mm，外面被淡黄色短柔毛，内面仅在基部被柔毛。花梗与

梧桐树干（徐正浩摄）

梧桐树枝（徐正浩摄）

梧桐枝叶（徐正浩摄）

花几等长。雄花的雌雄蕊柄与萼等长，下半部较粗，无毛，花药15个，不规则地聚集在雌雄蕊柄的顶端，退化子房梨形且甚小。雌花的子房圆球形，被毛。蓇葖果膜质，有柄，成熟前开裂成叶状，长6~11cm，宽1.5~2.5cm，外面被短茸毛或几无毛，每蓇葖果有种子2~4粒。种子圆球形，表面有皱纹，径7mm。

生物学特性：花期6月。

生境特征：生于山地、林缘、林地、路边等。在三衢山喀斯特地貌中生于岩石山地、乔木林、溪边等生境。

分布：中国南北各地有分布。日本也有分布。

第12章

蔷薇科 Rosaceae

蔷薇科（Rosaceae）隶属蔷薇目（Rosales），共91属，含4828种。灌木、乔木，或多年生或一年生草本。多数为落叶种，但一些为常绿种。蔷薇科植物世界广布，但以北温带种类较多。

APG分类系统将蔷薇科分为3个亚科，即蔷薇亚科（Rosoideae）、桃亚科（Amygdaloideae）和仙女木亚科（Dryadoideae）。

叶螺旋状排列，一些为对生。单叶或羽状复叶，包括偶数或奇数羽状复叶。叶缘多具锯齿。常有成对生长的托叶。托叶有时与叶柄合生。一些种叶缘或叶柄具腺体或花外蜜腺。一些种小叶的中脉和复叶叶轴具刺。

花辐射对称，两性，稀单性。萼片和花瓣常5片，具多数螺旋状排列的雄蕊。萼片、花瓣和雄蕊基部合生，呈杯状，称为隐头花序。花序呈总状、穗状或头状，稀单花。多数种具果实。果实为蓇葖果、蒴果、坚果、瘦果、核果以及附果。种子通常不含胚乳。

1. 插田泡 *Rubus coreanus* Miq.

中文异名：插田藨

英文名：bokbunja, Korean black raspberry, Korean bramble

分类地位：植物界（Plantae）

　　　　　　被子植物门（Angiospermae）

　　　　　　　双子叶植物纲（Dicotyledoneae）

　　　　　　　　蔷薇目（Rosales）

　　　　　　　　蔷薇科（Rosaceae）

　　　　　　　　　悬钩子属（*Rubus* Linn.）

　　　　　　　　　插田泡（*Rubus coreanus* Miq.）

形态学鉴别特征：灌木，高1~3m。枝粗壮，红褐色，被白粉，具近直立或钩状扁平皮刺。小叶通常5片，稀3片，卵形、菱状卵形或宽卵形，长2~8cm，宽2~5cm，顶端急尖，基部楔形至近圆形，叶面无毛或仅沿叶脉有短柔毛，叶背被稀疏柔毛或仅沿叶脉被短柔毛，边缘有不整齐粗锯齿或缺刻状粗锯齿，顶生小叶顶端有时3浅裂。叶柄长2~5cm，顶生小叶柄长1~2cm，侧生小叶近无柄，与叶轴均被短柔毛和疏生钩状小皮刺。托叶线状披针形，有柔毛。伞房花序生于侧枝顶端，总花梗和花梗均被灰白色短柔毛，花梗长5~10mm，苞片线形，有短柔毛，花径

7~10mm，花萼外面被灰白色短柔毛。萼片长卵形至卵状披针形，长4~6mm，顶端渐尖，边缘具茸毛，在花期开展，在果期反折。花瓣倒卵形，淡红色至深红色，与萼片近等长或稍短。雄蕊比花瓣短或近等长，花丝带粉红色。雌蕊多数。花柱无毛，子房被稀疏短柔毛。果实近球形，径5~8mm，深红色至紫黑色，无毛或近无毛，核具皱纹。

生物学特性：花期4—6月，果期6—8月。

生境特征：生于山坡灌丛、山谷、河边或路旁。是三衢山喀斯特地貌中分布最为广泛的物种之一，生于岩石山地、灌木丛、林下、草丛、溪边等生境，常为优势物种，数量多，发生量大。

分布：中国华东、华中、西南以及陕西、甘肃、新疆等地有分布。朝鲜和日本也有分布。

插田泡茎（徐正浩摄）

插田泡叶序（徐正浩摄）

插田泡果期植株（徐正浩摄）

插田泡苗期岩石生境植株（徐正浩摄）

插田泡岩石生境优势群落（徐正浩摄）

2. 高粱泡 *Rubus lambertianus* Ser.

中文异名：冬牛、冬菠、刺五泡藤

分类地位：植物界（Plantae）

被子植物门（Angiospermae）

双子叶植物纲（Dicotyledoneae）

蔷薇目（Rosales）

蔷薇科（Rosaceae）

悬钩子属（*Rubus* Linn.）

高粱泡（*Rubus lambertianus* Ser.）

形态学鉴别特征：多年生半常绿蔓性灌木。幼枝柔毛或近无毛，有微弯小皮刺。单叶宽卵形，稀长圆状卵形，长5~12cm，先端渐尖，基部心形，叶面疏生柔毛或沿叶脉有柔毛，叶背被疏柔毛，中脉常疏生小皮刺，3~5裂或呈波状，有细锯齿。叶柄长2~5cm，具柔毛或近无毛，疏生小皮刺。托叶离生，线状深裂，有柔毛或近无毛，常脱落。圆锥花序顶生，生于枝上部叶腋，花序常近总状，有时仅数朵花簇生于叶腋。花序梗、花梗和花萼均被柔毛。花梗长0.5~1cm。苞片与托叶相似。花径8mm。萼片卵状披针形，全缘，边缘被白色柔毛，内萼片边缘具灰白色茸毛。花瓣倒卵形，白色，无毛。雄蕊多数，花丝宽扁。雌蕊15~20枚，无毛。果实近球形，径6~8mm，无毛，熟时红色。核长2mm，有皱纹。种子卵状三角形，扁，表面密布刻纹。

高粱泡生境植株（徐正浩摄）

高粱泡枝叶（徐正浩摄）

高粱泡花（徐正浩摄）

高粱泡果期植株（徐正浩摄）

高粱泡苗期植株（徐正浩摄）

生物学特性：花期7—8月，果期9—11月。

生境特性：生于林下、林缘、路边草丛、灌木丛等。在三衢山喀斯特地貌中习见，生于岩石、山地、灌木丛、林下、草丛、溪边等生境。

分布：中国长江流域及以南地区有分布。日本也有分布。

3. 茅莓 *Rubus parvifolius* Linn.

中文异名：小叶悬钩子、茅莓悬钩子、蛇泡簕、牙鹰簕

英文名：Japanese bramble, Australian raspberry, native raspberry

分类地位：植物界（Plantae）

被子植物门（Angiospermae）

双子叶植物纲（Dicotyledoneae）

蔷薇目（Rosales）

蔷薇科（Rosaceae）

悬钩子属（*Rubus* Linn.）

茅莓（*Rubus parvifolius* Linn.）

形态学鉴别特征：灌木，高1~2m。枝呈弓形弯曲，被柔毛和稀疏钩状皮刺。小叶3片，在新枝上偶有5片，菱状圆形或倒卵形，长2.5~6cm，宽2~6cm，顶端圆钝或急尖，基部圆形或宽楔形，叶面伏生疏柔毛，叶背密被灰白色茸毛，边缘有不整齐粗锯齿或缺刻状粗重锯齿，常具浅裂片。叶柄长2.5~5cm，顶生小叶柄长1~2cm，均被柔毛和稀疏小皮刺。托叶线形，长5~7mm，具柔毛。伞房花序顶生或腋生，具花数朵，被柔毛和细刺。花梗长0.5~1.5cm，具柔毛和稀疏小皮刺。苞片线形，有柔毛。花径1cm。花萼外面密被柔毛和疏密不等的针刺。萼片卵状披针形或披针形，顶端渐尖，有时条裂，在花果期均直立开展。花瓣卵圆形或长圆形，粉红至紫红色，基部具爪。雄蕊花丝白色，稍短于花瓣。子房具柔毛。果实卵球形，径1~1.5cm，红色，无毛或具稀疏柔毛。核有浅皱纹。

茅莓茎叶（徐正浩摄）

茅莓花序（徐正浩摄）

茅莓果实（徐正浩摄）

茅莓花期植株（徐正浩摄）

生物学特性：花期5—6月，果期7—8月。

生境特征：生于山坡杂木林下、向阳山谷、路旁或荒野。在三衢山喀斯特地貌中习见，主要生于林下、灌丛、草地、山坡、岩石山地、阴湿处等生境，在一些生境形成优势种。

分布：中国几遍。日本、朝鲜也有分布。

🌱 4. 周毛悬钩子 *Rubus amphidasys* Focke ex Diels

分类地位：植物界（Plantae）

被子植物门（Angiospermae）

双子叶植物纲（Dicotyledoneae）

蔷薇目（Rosales）

蔷薇科（Rosaceae）

悬钩子属（*Rubus* Linn.）

周毛悬钩子（*Rubus amphidasys* Focke ex Diels）

形态学鉴别特征：蔓性小灌木，高0.3~1m。枝红褐色，密被红褐色长腺毛、软刺毛和淡黄色长柔毛，常无皮刺。单叶，宽长卵形，长5~11cm，宽3.5~9cm，顶端短渐尖或急尖，基部心形，两面均被长柔毛，边缘3~5浅裂，裂片圆钝，顶生裂片比侧生者大数倍，有不整齐尖锐锯齿。叶柄长2~5.5cm，被红褐色长腺毛、软刺毛和淡黄色长柔毛。托叶离生，羽状深条裂，裂片条形或披针形，被长腺毛和长柔毛。花常5~12朵呈近总状花序，顶生或腋生，稀3~5朵簇生。总花梗、花梗和花萼均密被红褐色长腺毛、软刺毛和淡黄色长柔毛。花梗长5~14mm。苞片与托叶相似，但较小。花径1~1.5cm。萼筒长5mm。萼片狭披针形，长1~1.7cm，顶端尾尖，外萼片常2~3条裂，在果期直立开展。花瓣宽卵形至长圆形，长4~6mm，宽3~4mm，白色，基部几无爪，比萼片短得多。花丝宽扁，短于花柱。子房无毛。果实扁球形，径1cm，暗红色，无毛，包藏在宿萼内。

周毛悬钩子攀缘居群（徐正浩摄）

周毛悬钩子茎叶（徐正浩摄）

周毛悬钩子花（徐正浩摄）

周毛悬钩子果序（徐正浩摄）

周毛悬钩子花期植株（徐正浩摄）

生物学特性：花期5—6月，果期7—8月。

生境特征：生于山坡、路旁、丛林内或山地红黄壤林下。在三衢山喀斯特地貌中生于林下、岩石山地、灌木丛、草丛、路边、岩石阴湿处等生境。

分布：中国华东、华中、华南、西南等地有分布。

5. 寒莓 *Rubus buergeri* Miq.

中文异名：大叶寒莓、寒刺泡

分类地位：植物界（Plantae）

被子植物门（Angiospermae）

双子叶植物纲（Dicotyledoneae）

蔷薇目（Rosales）

蔷薇科（Rosaceae）

悬钩子属（*Rubus* Linn.）

寒莓（*Rubus buergeri* Miq.）

形态学鉴别特征：直立或匍匐小灌木，茎常伏地生根，长出新株。匍匐枝长达2m，与花枝均密被茸毛状长柔毛，无刺或具稀疏小皮刺。单叶，卵形至近圆形，径5~11cm，顶端圆钝或急尖，基部心形，叶面微具柔毛或仅沿叶脉具柔毛，叶背密被茸毛，沿叶脉具柔毛，成长时叶背茸毛常脱落，故在同一枝上，往往嫩叶密被茸毛，老叶则叶背仅具柔毛，边缘5~7浅裂，裂片圆钝，有不整齐锐锯齿，基部具掌状五出脉，侧脉2~3对。叶柄长4~9cm，密被茸毛状长柔毛，无刺或疏生针刺。托叶离生，早落，掌状或羽状深裂，裂片线形或线状披针形，具柔毛。花呈短总状花序，顶生或腋生，或花数朵簇生于叶腋，总花梗和花梗密被茸毛状长柔毛，无刺或疏生针刺。花梗长0.5~0.9cm。苞片与托叶相似，较小。花径0.6~1cm。花萼外密被淡黄色长柔毛和茸毛。萼片披针形或卵状披针形，顶端渐尖，外萼片顶端常浅裂，内萼片全缘，在果期常直立开展，稀反折。花瓣倒卵形，白色，几与萼片等长。雄蕊多数，花丝线形，无毛。雌蕊无毛，花柱长于雄蕊。果实近球形，径6~10mm，紫黑色，无毛。核具粗皱纹。

生物学特性：花期7—8月，果期9—10月。

生境特征：生于中低海拔的阔叶林下或山地疏密杂木林内。在三衢山喀斯特地貌中习见，常生于灌木丛、林下、溪边、草地、岩石山地、岩石阴湿处等生境。

分布：中国华东、华中、华南、西南等地有分布。

寒莓果期植株（张宏伟摄）

6. 山莓 *Rubus corchorifolius* Linn. f.

中文异名：树莓、山抛子

分类地位：植物界（Plantae）

被子植物门（Angiospermae）

双子叶植物纲（Dicotyledoneae）

蔷薇目（Rosales）

蔷薇科（Rosaceae）

悬钩子属（*Rubus* Linn.）

山莓（*Rubus corchorifolius* Linn.f.）

形态学鉴别特征：直立灌木，高1~3m。枝具皮刺，幼时被柔毛。单叶，卵形至卵状披针形，长5~12cm，宽2.5~5cm，顶端渐尖，基部微心形，有时近截形或近圆形，叶面色较浅，沿叶脉有细柔毛，叶背色稍深，幼时密被细柔毛，逐渐脱落至老时近无毛，沿中脉疏生小皮刺，边缘不分裂或3裂，通常不育枝上的叶3裂，有不规则锐锯齿或重锯齿，基部具3条脉。叶柄长1~2cm，疏生小皮刺，幼时密生细柔毛。托叶线状披针形，具柔毛。花单生或少数生于短枝上。花梗长0.6~2cm，具细柔毛。花径可达3cm。花萼外密被细柔毛，无刺。萼片卵形或三角状卵形，长5~8mm，顶端急尖至短渐尖。花瓣长圆形或椭圆形，白色，顶端圆钝，长9~12mm，宽6~8mm，长于萼片。雄蕊多数，花丝宽扁。雌蕊多数，子房有柔毛。果实由很多小核果组成，近球形或卵球形，径1~1.2cm，红色，密被细柔

山莓成株（徐正浩摄）

山莓茎叶（徐正浩摄）

山莓花（徐正浩摄）

毛。核具皱纹。

　　生物学特性：花期2—3月，果期4—6月。

　　生境特征：生于向阳山坡、溪边、山谷、荒地和疏密灌丛中潮湿处。在三衢山喀斯特地貌中习见，常生于山地、山甸、山坡、草坡等生境。

　　分布：除东北、甘肃、青海、新疆、西藏外，中国其他地区均有分布。朝鲜、日本、缅甸、越南也有分布。

7. 蓬蘽　*Rubus hirsutus* Thunb.

　　分类地位：植物界（Plantae）

　　　　　　　　被子植物门（Angiospermae）

　　　　　　　　　双子叶植物纲（Dicotyledoneae）

　　　　　　　　　　蔷薇目（Rosales）

　　　　　　　　　　　蔷薇科（Rosaceae）

　　　　　　　　　　　　悬钩子属（*Rubus* Linn.）

　　　　　　　　　　　　　蓬蘽（*Rubus hirsutus* Thunb.）

　　形态学鉴别特征：灌木，高1~2m。枝红褐色或褐色，被柔毛和腺毛，疏生皮刺。小叶3~5片，卵形或宽卵形，长3~7cm，宽2~3.5cm，顶端急尖，顶生小叶顶端常渐尖，基部宽楔形至圆形，两面疏生柔毛，边缘具不整齐尖锐重锯齿。叶柄长2~3cm，顶生小叶柄长1cm，稀较长，均具柔毛和腺毛，并疏生皮刺。托叶披针形或卵状披针形，两面具柔毛。花常单生于侧枝顶端，也有腋生。花梗长2~6cm，具柔毛和腺毛，或有极少小皮刺。苞片小，线形，具柔毛。花大，径3~4cm。花萼外密被柔毛和腺毛。萼片卵状披针形或三角状披针形，顶端长尾尖，外面边缘被灰白色茸毛，花后反折。花瓣倒卵形或近圆形，白色，基部具爪，花丝较宽，花柱和子房均无毛。果实近球形，径1~2cm，无毛。

蓬蘽茎叶（徐正浩摄）

蓬蘽花（徐正浩摄）

蓬蘽聚合果（徐正浩摄）　　　　　　　　　　蓬蘽成株（徐正浩摄）

生物学特性：花期4月，果期5—6月。

生境特征：生于山坡、路旁、阴湿处或灌丛中。在三衢山喀斯特地貌中习见，主要生于山坡、山地、草丛、林下、灌木丛、岩石阴湿处等生境。

分布：中国华东、华中、华南等地有分布。朝鲜、日本也有分布。

🌿 8. 空心泡 *Rubus rosifolius* Sm.

拉丁文异名：*Rubus rosaefolius* Smith

英文名：roseleaf bramble, Mauritius raspberry

分类地位：植物界（Plantae）

被子植物门（Angiospermae）

双子叶植物纲（Dicotyledoneae）

蔷薇目（Rosales）

蔷薇科（Rosaceae）

悬钩子属（*Rubus* Linn.）

空心泡（*Rubus rosifolius* Sm.）

形态学鉴别特征：直立或攀缘灌木，高2~3m。小枝圆柱形，具柔毛或近无毛，常有浅黄色腺点，疏生较直立皮刺。小叶5~7片，卵状披针形或披针形，长3~7cm，宽1.5~2cm，顶端渐尖，基部圆形，两面疏生柔毛，老时几无毛，有浅黄色发亮的腺点，叶背沿中脉有稀疏小皮刺，边缘有尖锐缺刻状重锯齿。叶柄长2~3cm，顶生小叶柄长0.8~1.5cm，和叶轴均有柔毛和小皮刺，有时近无毛，被浅黄色腺点。托叶卵状披针形或披针形，具柔毛。花常1~2朵，顶生或腋生。花梗长2~3.5cm，有较稀或较密柔毛，疏生小皮刺，有时被腺点。花径2~3cm。花萼外被柔毛和腺点。萼片披针形或卵状披针形，顶端长尾尖，花后常反折。花瓣长圆形、长倒卵形或近圆形，长1~1.5cm，宽0.8~1cm，白色，基部具爪，长于萼片，外面有短柔毛，逐渐脱落。花丝较宽。雌蕊很多，花柱和子房无毛。花托具短柄。果实卵球形或长圆状卵圆形，长

1~1.5cm，红色，有光泽，无毛。核有深窝孔。

生物学特性：花期3—5月，果期6—7月。

生境特征：生于杂木林、草坡或山地。在三衢山喀斯特地貌中习见，主要生于林下、灌木丛、山坡、山地、草丛、岩石阴湿处等生境。

分布：中国华东、华中、华南、西南等地有分布。印度、缅甸、泰国、老挝、越南、柬埔寨、日本、印度尼西亚、马达加斯加、澳大利亚、巴西等国也有分布。

空心泡花（徐正浩摄）

🌿 9. 硕苞蔷薇 *Rosa bracteata* J. C. Wendl.

中文异名：糖钵

英文名：chicksaw rose, Macartney rose

分类地位：植物界（Plantae）

　　　　　　被子植物门（Angiospermae）

　　　　　　　双子叶植物纲（Dicotyledoneae）

　　　　　　　　蔷薇目（Rosales）

　　　　　　　　　蔷薇科（Rosaceae）

　　　　　　　　　　蔷薇属（*Rosa* Linn.）

　　　　　　　　　　　硕苞蔷薇（*Rosa bracteata* J. C. Wendl.）

形态学鉴别特征：铺散常绿灌木，高2~5m，有长匍匐枝。小枝粗壮，密被黄褐色柔毛，混生针刺和腺毛。皮刺扁弯常成对着生在托叶下方。小叶5~9片，连叶柄长4~9cm。小叶片革质，椭圆形、倒卵形，长1~2.5cm，宽8~15mm，先端截形、圆钝或稍急尖，基部宽楔形或近圆形，边缘有紧贴圆钝锯齿，叶面无毛，深绿色，有光泽，叶背颜色较淡，沿脉有柔毛或无毛。小叶柄和叶轴有稀疏柔毛、腺毛和小皮刺。托叶大部分离生，呈篦齿状深裂，密被柔毛，边缘有腺毛。花单生或2~3朵集生，径4.5~7cm，花梗长不到1cm，密生长柔毛和稀疏腺毛，有数枚大型宽卵形苞片，边缘有不规则缺刻状锯齿，外面密被柔毛，内面近无毛。萼片宽卵形，先端尾状渐尖，和萼筒外面均密被黄褐色柔毛和腺毛，内面有稀疏柔毛，花后反折。花瓣白色，倒卵形，先端微凹，心皮多数。花柱密被柔毛，比雄蕊稍短。果球形，密被黄褐色柔毛，果梗短，密被柔毛。

生物学特性：花期5—7月，果期8—11月。

生境特征：多生于溪边、路旁和灌丛中。在三衢山喀斯特地貌中习见，主要生于岩石山地、坡地、林下、灌木丛、草地、溪边等生境，一些生境中形成优势种群。

分布：中国华东、华中、西南等地有分布。日本也有分布。

硕苞蔷薇苗期植株（徐正浩摄）

硕苞蔷薇营养生长期植株（徐正浩摄）

硕苞蔷薇山地岩石生境植株（徐正浩摄）

10. 小果蔷薇 *Rosa cymosa* Tratt.

英文名：elderflower rose

分类地位：植物界（Plantae）

被子植物门（Angiospermae）

双子叶植物纲（Dicotyledoneae）

蔷薇目（Rosales）

蔷薇科（Rosaceae）

蔷薇属（*Rosa* Linn.）

小果蔷薇（*Rosa cymosa* Tratt.）

形态学鉴别特征：攀缘灌木，高2~5m。小枝圆柱形，无毛或稍有柔毛，有钩状皮刺。小叶3~5片，稀7片，连叶柄长5~10cm。小叶片卵状披针形或椭圆形，稀长圆披针形，长

2.5~6cm，宽8~25mm，先端渐尖，基部近圆形，边缘有紧贴或尖锐细锯齿，两面均无毛，叶面亮绿色，叶背颜色较淡，中脉凸起，沿脉有稀疏长柔毛。小叶柄和叶轴无毛或有柔毛，有稀疏皮刺和腺毛。托叶膜质，离生，线形，早落。花多朵，呈复伞房花序。花径2~2.5cm，花梗长1.5cm，幼时密被长柔毛，老时逐渐脱落近于无毛。萼片卵形，先端渐尖，常有羽状裂片，外面近无毛，稀有刺毛，内面被稀疏白色茸毛，沿边缘较密。花瓣白色，倒卵形，先端凹，基部楔形。花柱离生，稍伸出花托口外，与雄蕊近等长，密被白色柔毛。果球形，径4~7mm，红色至黑褐色，萼片脱落。

小果蔷薇花（徐正浩摄）

生物学特性：花期5—6月，果期10—11月。

生境特征：多生于向阳山坡、路旁、溪边或丘陵地。在三衢山喀斯特地貌中习见，常生于草丛、灌木丛、林下、路边、岩石山地、溪边等生境，有时形成优势种群。

分布：中国华东、华中、华南、西南等地有分布。

小果蔷薇果实（徐正浩摄）

小果蔷薇山地生境植株（徐正浩摄）

11. 金樱子 *Rosa laevigata* Michx.

英文名：Cherokee rose

分类地位：植物界（Plantae）

被子植物门（Angiospermae）

双子叶植物纲（Dicotyledoneae）

蔷薇目（Rosales）

蔷薇科（Rosaceae）

蔷薇属（*Rosa* Linn.）

金樱子（*Rosa laevigata* Michx.）

形态学鉴别特征：常绿攀缘灌木。高可达5m。小枝粗壮，散生扁弯皮刺，无毛，幼时被腺毛，老时逐渐脱落减少。小叶革质，通常3片，稀5片，连叶柄长5~10cm。小叶片椭圆状卵形、倒卵形或披针状卵形，长2~6cm，宽1.2~3.5cm，先端急尖或圆钝，稀尾状渐尖，边缘有锐锯齿，叶面亮绿色，无毛，叶背黄绿色，幼时沿中肋有腺毛，老时逐渐脱落无毛。小叶柄和叶轴有皮刺和腺毛。托叶离生或基部与叶柄合生，披针形，边缘有细齿，齿尖有腺体，早落。花单生于叶

金樱子茎（徐正浩摄）

金樱子花（徐正浩摄）

金樱子果实（徐正浩摄）

腋，径5~7cm。花梗长1.8~2.5cm，偶有3cm，花梗和萼筒密被腺毛，随果实成长变为针刺。萼片卵状披针形，先端呈叶状，边缘羽状浅裂或全缘，常有刺毛和腺毛，内面密被柔毛，比花瓣稍短。花瓣白色，宽倒卵形，先端微凹。雄蕊多数。心皮多数，花柱离生，有毛，比雄蕊短很多。果实梨形、倒卵形，稀近球形，紫褐色，外面密被刺毛，果梗长3cm，萼片宿存。

生物学特性：花期4—6月，果期7—11月。

生境特征：喜生于向阳的山野、田边、溪畔灌木丛中。在三衢山喀斯特地貌中习见，生于岩石山地、乔灌木丛、草地、溪边、林下、山甸等生境，常形成优势种群。

分布：中国西南、华中、华东、华南等地有分布。老挝和越南也有分布。

12. 野山楂 *Crataegus cuneata* Sieb. ex Zucc.

中文异名：小叶山楂

英文名：Chinese hawthorn, Japanese hawthorn

分类地位：植物界（Plantae）

被子植物门（Angiospermae）

双子叶植物纲（Dicotyledoneae）

蔷薇目（Rosales）

蔷薇科（Rosaceae）

蔷薇属（*Rosa* Linn.）

野山楂（*Crataegus cuneata* Sieb. ex Zucc.）

形态学鉴别特征：落叶灌木，高达15m，分枝密，通常具细刺，刺长5~8mm。小枝细弱，圆柱形，有棱，幼时被柔毛。一年生枝紫褐色，无毛，老枝灰褐色，散生长圆形皮孔。冬芽三角卵形，先端圆钝，无毛，紫褐色。叶片宽倒卵形至倒卵状长圆形，长2~6cm，宽1~4.5cm，先端急尖，基部楔形，下延连于叶柄，边缘有不规则重锯齿，顶端常有3个，稀5~7个浅裂片，叶面无毛，有光泽，叶背具稀疏柔毛，沿叶脉较密，后脱落，叶脉显著。叶柄两侧有叶翼，长4~15mm。托叶大，草质，镰刀状，边缘有齿。伞房花序，径2~2.5cm，具花5~7朵，总花梗和花梗均被柔毛。花梗长1cm。苞片草质，披针形，条裂或有锯齿，长8~12mm，脱落很迟。花径1.5cm。萼筒钟状，外被长柔毛，萼片三角卵形，长4mm，与萼筒等长，先端尾状渐尖，全缘或有齿，内外两面均具柔毛。花瓣近圆形或倒卵形，长6~7mm，白色，基部有短爪。雄蕊20枚，花药红色，花柱4~5个，基部被茸毛。果实近球形或扁球形，径1~1.2cm，红色或黄色，常具有宿存反折萼片或1片苞片。小核4~5个，内面两侧平滑。

生物学特性：花期5—6月，果期9—11月。

生境特征：生于山谷、多石湿地或山地灌木丛中。在三衢山喀斯特地貌中习见，常生于岩石山地、林缘、路边、溪边、灌木丛、草地等生境。

分布：中国华东、华中、华南、西南等地有分布。日本引种栽培。

野山楂叶（徐正浩摄）

野山楂岩石生境植株（徐正浩摄）

第13章

五加科 Araliaceae

五加科（Araliaceae）隶属伞形目（Apiales），具52属，含700余种。

五加科植物为乔木、灌木、木质藤本、多年生草本，以及肉质植物，主要分布于南北半球热带和温带地区。叶互生，稀轮生，单叶、掌状复叶或羽状复叶。托叶通常与叶柄基部合生成鞘状，稀无托叶。花整齐，两性或杂性，稀单性异株，聚生为伞形花序、头状花序、总状花序或穗状花序，通常再组成圆锥状复花序。苞片宿存或早落。小苞片不显著。花梗无关节或有关节。萼筒与子房合生，边缘波状或有萼齿。花瓣5~10片，在花芽中镊合状排列或覆瓦状排列，通常离生，稀合生成帽状体。雄蕊与花瓣同数而互生，有时为花瓣的两倍，或无定数，着生于花盘边缘。花丝线形或舌状。花药长圆形或卵形，"丁"字状着生。子房下位，通常2~15室。花柱与子房室同数，离生，或下部合生上部离生，或全部合生成柱状，稀无花柱而柱头直接生于子房上。花盘上位，肉质，扁圆锥形或环形。胚珠倒生，单个悬垂于子房室的顶端。果实为浆果或核果，外果皮通常肉质，内果皮骨质、膜质，或肉质而与外果皮不易区别。种子通常侧扁，胚乳均一或嚼烂状。

1. 楤木 *Aralia chinensis* Linn.

中文异名：鹊不踏、虎阳刺、海桐皮、鸟不宿、通刺、黄龙苞、刺龙柏、刺树椿、飞天蜈蚣
英文名：Chinese angelica-tree
分类地位：植物界（Plantae）
　　　　　　　被子植物门（Angiospermae）
　　　　　　　双子叶植物纲（Dicotyledoneae）
　　　　　　　伞形目（Apiales）
　　　　　　　五加科（Araliaceae）
　　　　　　　楤木属（*Aralia* Linn.）
　　　　　　　楤木（*Aralia chinensis* Linn.）

形态学鉴别特征：灌木或乔木，高2~5m，稀达8m，胸径10~15cm。树皮灰色，疏生粗壮直刺。小枝通常淡灰棕色，有黄棕色茸毛，疏生细刺。叶为二回或三回羽状复叶，长60~110cm。叶柄粗壮，长可达50cm。托叶与叶柄基部合生，纸质，耳郭形，长1.5cm或更长，叶轴无刺或有细刺。羽片有小叶5~11片，稀13片，基部有小叶1对。小叶片纸质至薄革

楤木石林生境植株（徐正浩摄）

质，卵形、阔卵形或长卵形，长5~12cm，稀长达19cm，宽3~8cm，先端渐尖或短渐尖，基部圆形，叶面粗糙，疏生糙毛，叶背有淡黄色或灰色短柔毛，脉上更密，边缘有锯齿，稀为细锯齿或不整齐粗重锯齿，侧脉7~10对，两面均明显，网脉在叶面不甚明显，在叶背明显。小叶无柄或有长3mm的柄，顶生小叶柄长2~3cm。圆锥花序大，长30~60cm。分枝长20~35cm，密生淡黄棕色或灰色短柔毛。伞形花序径1~1.5cm，有花多数。总花梗长1~4cm，密生短柔毛。苞片锥形，膜质，长3~4mm，外面有毛。花梗长4~6mm，密生短柔毛，稀为疏毛。花白色，芳香。萼无毛，长1.5mm，边缘有5个三角形小齿。花瓣5片，卵状三角形，长1.5~2mm。雄蕊5枚，花丝长3mm。子房5室。花柱5个，离生或基部合生。果实球形，黑色，径3mm，有5条棱。宿存花柱长1.5mm，离生或合生至中部。

生物学特性：花期7—9月，果期9—12月。

生境特征：生于森林、灌丛或林缘路边。在三衢山喀斯特地貌中主要生于岩石、林下灌丛、山坡等生境。

分布：中国广布。

第14章

豆科 Fabaceae

豆科（Fabaceae）为被子植物中第三大陆生植物科，仅次于兰科（Orchidaceae）和菊科（Asteraceae）。豆科具751属，19000余种。豆科植物通过豆荚结构以及具托叶的叶辨认，许多种具有独特的花和果实特征。

分子发育系统研究表明，豆科为单系群，并与远志科（Polygalaceae）、海人树科（Surianaceae）和皂皮树科（Quillajaceae）关联密切，共属豆目（Fabales）。

豆科植物既具高大乔木，又有灌木，也有草本，而绝大多数为多年生草本植物。花序为不定花序，有时退化为单花。花具短隐头花序和具短雌蕊柄的单心皮，受精后发育为荚果。

豆科植物为乔木、灌木、草本或藤本。具固氮根瘤，为豆科的重要特性之一。

叶常绿或落叶，常互生，为复叶。多为奇数或偶数羽状复叶，时常有卷须，稀为掌状复叶。含羞草亚科（Mimosoideae）和云实亚科（Caesalpinioideae）为二回羽状复叶。有时为3小叶、单小叶或单叶。常具托叶，叶状、刺状或不显。叶缘全缘或具锯齿。常具皱褶叶枕，使叶片产生感性运动。

花常具5片合生萼片和5片离生花瓣。雌雄同体，具杯状隐头花序。雄蕊常10枚，子房上位，具1个完全花柱。

云实亚科中，花两侧对称。上部花瓣位于最里面，不同于豆亚科（Faboideae）。

含羞草亚科中，花辐射对称，为头状花序，花瓣小，雄蕊可大于10枚。

豆亚科中，花两侧对称，具特殊结构。具1片旗瓣，2片侧生翼瓣，远轴的2片常合生，为龙骨瓣，遮盖住雄蕊和雌蕊。雄蕊常10枚，花丝融合，呈各种形态，雄蕊常成9+1的二体雄蕊。

荚果为单干果，两侧开裂。一些种发育为翅果、节荚、蓇葖果、不裂荚果、瘦果、核果和浆果。

1. 常春油麻藤　*Mucuna sempervirens* Hemsl.

中文异名：常绿油麻藤、牛马藤、棉麻藤

分类地位：植物界（Plantae）

　　　　　　被子植物门（Angiospermae）

　　　　　　　双子叶植物纲（Dicotyledoneae）

　　　　　　　　豆目（Fabales）

豆科（Fabaceae）

黧豆属（*Mucuna* Adans.）

常春油麻藤（*Mucuna sempervirens* Hemsl.）

形态学鉴别特征：常绿木质藤本，长达25m。老茎径达30cm。树皮有皱纹，幼茎有纵棱和皮孔。羽状复叶具3小叶，叶长21~39cm，托叶脱落，叶柄长7~16.5cm。小叶纸质或革质。顶生小叶椭圆形、长圆形或卵状椭圆形，长8~15cm，宽3.5~6cm，先端渐尖头可达15cm，基部稍楔形。侧生小叶极偏斜，长7~14cm，无毛。侧脉4~5对，在两面明显，在叶背凸起。小叶柄长4~8mm，膨大。总状花序生于老茎上，长10~36cm，每节上有3朵花，无香气或有臭味。苞片和小苞片不久脱落，苞片狭倒卵形，长、宽各15mm。花梗长1~2.5cm，具短硬毛。小苞片卵形或倒卵形。花萼密被暗褐色伏贴短毛，外面被稀疏的金黄色或红褐色脱落的长硬毛，萼筒宽杯形，长8~12mm，宽18~25mm。花冠深紫色，干后黑色，长6.5cm，旗瓣长3.2~4cm，圆形，先端凹达4mm，基部耳长1~2mm，翼瓣长4.8~6cm，宽1.8~2cm，龙骨瓣长6~7cm，基部瓣柄长7mm，耳长4mm。雄蕊管长4cm，花柱下部和子房被毛。果木质，带形，长30~60cm，宽3~3.5cm，厚1~1.3cm，种子间缢缩，近念珠状，边缘多数加厚，凸起为一圆形脊，中央无沟槽，无翅，具伏贴红褐色短毛和长的脱落红褐色刚毛。种子4~12粒，内部隔膜木质，带红色、褐色或黑色，扁长圆形，长2.2~3cm，宽2~2.2cm，厚1cm，种脐黑色，包围着种子的3/4。

常春油麻藤茎叶（徐正浩摄）

生物学特性：花期4—5月，果期8—10月。

生境特征：生于亚热带森林、灌木丛、溪谷、河边等。在三衢山喀斯特地貌中常生于岩石、石缝、山地、灌木丛、林下和草坡等生境。

分布：中国华东、华中、华南、西南以及陕西南部等地有分布。日本也有分布。

常春油麻藤叶（徐正浩摄）

常春油麻藤花瓣（徐正浩摄）

常春油麻藤花期植株（徐正浩摄）

常春油麻藤岩石生境植株（徐正浩摄）

常春油麻藤水边生境植株（徐正浩摄）

常春油麻藤灌木丛居群（徐正浩摄）

2. 合欢 *Albizia julibrissin* Durazz.

中文异名：马缨花、绒花树

英文名：silk tree, pink silk tree

分类地位：植物界（Plantae）

　　　　　被子植物门（Angiosperms）

　　　　　　双子叶植物纲（Dicotyledoneae）

　　　　　　　豆目（Fabales）

　　　　　　　　豆科（Fabaceae）

　　　　　　　　　合欢属（*Albizia* Durazz.）

　　　　　　　　　　合欢（*Albizia julibrissin* Durazz.）

　　形态学鉴别特征：落叶乔木。高可达16m，树冠开展。小枝有棱角，嫩枝、花序和叶轴被茸毛或短柔毛。托叶线状披针形，较小叶小，早落。二回羽状复叶，总叶柄近基部及最顶一对羽片着生处各有1个腺体。羽片4~12对，有时达20对。小叶10~30对，线形至长圆形，长6~12mm，宽1~4mm，向上偏斜，先端有小尖头，有缘毛，有时在叶背或仅中脉上有短柔毛，中脉紧靠上边缘。头状花序于枝顶排成圆锥花序。花粉红色。花萼管状，长3mm。花冠

合欢荚果（徐正浩摄）

合欢花期植株（徐正浩摄）

长8mm，裂片三角形，长1.5mm，花萼、花冠外均被短柔毛。花丝长2.5cm。荚果带状，长9~15cm，宽1.5~2.5cm，嫩荚有柔毛，老荚无毛。

　　生物学特性：花期6—7月，果期8—10月。

　　生境特征：生于山坡。在三衢山喀斯特地貌中偶见，生于山坡、草地等生境。

　　分布：中国各地有分布。东亚其他国家、中亚、非洲和北美洲也有分布。

3. 山槐 *Albizia kalkora* (Roxb.) Prain

　　中文异名：山合欢、白夜合、马缨花

　　分类地位：植物界（Plantae）

　　　　　　　　被子植物门（Angiospermae）

　　　　　　　　　双子叶植物纲（Dicotyledoneae）

　　　　　　　　　　豆目（Fabales）

　　　　　　　　　　　豆科（Fabaceae）

　　　　　　　　　　　　合欢属（*Albizia* Durazz.）

　　　　　　　　　　　　　山槐（*Albizia kalkora*（Roxb.）Prain）

　　形态学鉴别特征：落叶小乔木或灌木，通常高3~8m。枝条暗褐色，被短柔毛，有显著皮孔。二回羽状复叶，羽片2~4对。小叶5~14对，长圆形或长圆状卵形，长1.8~4.5cm，宽7~20mm，先端圆钝而有细尖头，基部不等侧，两面均被短柔毛，中脉稍偏于上侧。头状花序2~7个生于叶腋，或于枝顶排成圆锥花序。花初白色，后变黄，具明显的小花梗。花萼管状，长2~3mm，5齿裂。花冠长6~8mm，中部以下连合成管状，裂片披针形，花萼、花冠均密被长柔毛。雄蕊长2.5~3.5cm，基部连合呈管状。荚果带状，长7~17cm，宽1.5~3cm，深棕色，嫩荚密被短柔毛，老时无毛。种子4~12粒，倒卵形。

　　生物学特性：花期5—6月，果期8—10月。

　　生境特征：生于山坡灌丛、疏林中。在三衢山喀斯特地貌中偶见，生于山甸等生境。

山槐二回羽状复叶（徐正浩摄）

山槐花（徐正浩摄）

山槐花期植株（徐正浩摄）

山槐乔木林植株（徐正浩摄）

分布：中国华北、西北、华东、华南、西南等地有分布。越南、缅甸、印度也有分布。

4. 云实 *Caesalpinia decapetala* (Roth) Alston

英文名：shoofly, Mauritius, Mysore thorn, cat's claw

分类地位：植物界（Plantae）

被子植物门（Angiospermae）

双子叶植物纲（Dicotyledoneae）

豆目（Fabales）

豆科（Fabaceae）

云实属（*Caesalpinia* Linn.）

云实（*Caesalpinia decapetala*（Roth）Alston）

形态学鉴别特征：藤本。树皮暗红色，枝、叶轴和花序均被柔毛和钩刺。二回羽状复叶长20~30cm。羽片3~10对，对生，具柄，基部有刺1对。小叶8~12对，膜质，长圆形，长10~25mm，宽6~12mm，两端近圆钝，两面均被短柔毛，老时渐无毛。托叶小，斜卵形，先端渐尖，早落。总状花序顶生，直立，长15~30cm，具多花。总花梗多刺。花梗长3~4cm，被毛，在花萼下具关节，故花易脱落。萼片5片，长圆形，被短柔毛。花瓣黄色，膜质，圆形或倒卵形，长10~12mm，盛开时反卷，基部具短柄。雄蕊与花瓣近等长，花丝基部扁平，下部被棉毛。子房无毛。荚果长圆状舌形，长6~12cm，宽2.5~3cm，脆革质，栗褐色，无毛，有光泽，沿腹缝线膨胀成狭翅，成熟时沿腹缝线开裂，先端具尖喙。种子6~9粒，椭圆状，长11mm，宽6mm，种皮棕色。

生物学特性：花果期4—10月。

生境特征：生于山坡灌丛中及平原、丘陵、河旁等地。在三衢山喀斯特地貌中习见，在岩石山地、山坡、灌木丛、草地等生境形成优势种群。

分布：中国华东、华中、华南、西南、华北以及陕西、甘肃等地有分布。亚洲热带和温带地区有分布。

云实枝与分枝（徐正浩摄）

云实叶（徐正浩摄）

云实花（徐正浩摄）

云实果荚（徐正浩摄）

云实幼果（徐正浩摄）

云实苗（徐正浩摄）

云实优势种群（徐正浩摄）

5. 黄檀 *Dalbergia hupeana* Hance

中文异名：檀木、檀树

分类地位：植物界（Plantae）

被子植物门（Angiospermae）

双子叶植物纲（Dicotyledoneae）

豆目（Fabales）

豆科（Fabaceae）

黄檀属（*Dalbergia* Linn. f. nom. conserve.）

黄檀（*Dalbergia hupeana* Hance）

形态学鉴别特征：乔木，高10~20m。树皮暗灰色，呈薄片状剥落。幼枝淡绿色，无毛。羽状复叶长15~25cm。小叶3~5对，近革质，椭圆形至长圆状椭圆形，长3.5~6cm，宽2.5~4cm，先端钝或稍凹入，基部圆形或阔楔形。两面无毛，细脉隆起，叶面有光泽。圆锥花序顶生或生于最上部的叶腋间，连总花梗长15~20cm，径10~20cm，疏被锈色短柔毛。花密集，长6~7mm。花梗长5mm，与花萼同疏被锈色柔毛。基生和副萼状小苞片卵形，被柔毛，脱落。花萼钟状，长2~3mm，萼齿5个，上方2个阔圆形，近合生，侧方的卵形，最下1个披针形。花冠白色或淡紫色，各瓣均具柄。旗瓣圆形，先端微缺。翼瓣倒卵形。龙骨瓣关月形，与翼瓣内侧均具耳。雄蕊10枚，成5枚+5枚的二体。子房具短柄，除基部与子房柄外，无毛。胚珠2~3颗。花柱纤细。柱头小，头状。荚果长圆形或阔舌状，长4~7cm，宽13~15mm，顶端急尖，基部渐狭成果颈。果瓣薄革质，正对种子的部

黄檀树枝树叶（徐正浩摄）

黄檀树梢（徐正浩摄）

黄檀新梢（徐正浩摄）

黄檀叶面（徐正浩摄）

黄檀叶背（徐正浩摄）

黄檀叶序（徐正浩摄）

黄檀石林山甸生境植株（徐正浩摄）

分有网纹，有1~3粒种子。种子肾形，长7~14mm，宽5~9mm。

生物学特性：花期5—7月。

生境特征：生于山地林中或灌丛、山沟溪旁、坡地等。在三衢山喀斯特地貌中的山甸、山坡和岩石山地等生境习见，一些区块为优势种。

分布：中国华东、华中、华南、西南等地有分布。

6. 马棘 *Indigofera pseudotinctoria* Matsum.

分类地位：植物界（Plantae）

被子植物门（Angiospermae）

双子叶植物纲（Dicotyledoneae）

豆目（Fabales）

豆科（Fabaceae）

木蓝属（*Indigofera* Linn.）

马棘（*Indigofera pseudotinctoria* Matsum.）

形态学鉴别特征：小灌木，高1~3m。茎多分枝。枝细长，幼枝灰褐色，明显有棱，被"丁"字形毛。羽状复叶长3.5~6cm。叶柄长1~1.5cm，被平贴"丁"字形毛，叶轴上面扁平。托叶小，狭三角形，长1mm，早落。小叶2~5对，对生，椭圆形、倒卵形或倒卵状椭圆形，长1~2.5cm，宽0.5~1.5cm，先端圆或微凹，有小尖头，基部阔楔形或近圆形，两面有白色"丁"字形毛，有时叶面毛脱落。小叶柄长1mm。小托叶微小，钻形或不明显。总状花序，花开后较复叶长，长3~11cm，花密集。总花梗短于叶柄。花梗长1mm。花萼钟状，外面有白色和棕色平贴"丁"字形毛，萼筒长1~2mm，萼齿不等长，与萼筒近等长或略长。花冠淡红色或紫红色，旗瓣倒阔卵形，长4.5~6.5mm，先端螺壳状，基部有瓣柄，外面有"丁"字形毛，翼瓣基部有耳状附属物，龙骨瓣近等长，距长1mm，基部具耳。花药圆球形，子房有毛。荚果线状圆柱形，长2.5~5.5cm，径3mm，顶端渐尖，幼时密生短"丁"字形毛，种子间有横隔，仅在横隔上有紫红色斑点。果梗下弯。种子椭圆形。

生物学特性：花期5—8月，果期9—10月。

马棘果实（徐正浩摄）

马棘果期生境植株（徐正浩摄）

马棘花期山地生境植株（徐正浩摄）

生境特征：生于山坡林缘及灌木丛中。在三衢山喀斯特地貌中习见，常生于林下、灌木丛、草地、岩石山地等生境。

分布：中国华东、华中、华南、西南等地有分布。日本也有分布。

7. 槐 *Sophora japonica* Linn.

中文异名：槐花木、槐花树、豆槐

英文名：Japanese pagoda tree, Sophora japonica

分类地位：植物界（Plantae）

被子植物门（Angiosperms）

双子叶植物纲（Dicotyledoneae）

豆目（Fabales）

豆科（Fabaceae）

槐属（*Siphora* Linn.）

槐（*Sophora japonica* Linn.）

形态学鉴别特征：乔木，高达25m。树皮灰褐色，具纵裂纹。当年生枝绿色，无毛。羽状复叶长达25cm。叶轴初被疏柔毛，旋即脱净。叶柄基部膨大，包裹着芽。托叶形状多变，有时呈卵形，叶状，有时线形或钻状，早落。小叶4~7对，对生或近互生，纸质，卵状披针形或卵状长圆形，长2.5~6cm，宽1.5~3cm，先端渐尖，具小尖头，基部宽楔形或近圆形，稍偏斜，叶背灰白色，初被疏短柔毛，旋变无毛。小托叶2片，钻状。圆锥花序顶生，常呈金字塔形，长达30cm。花梗比花萼短。小苞片2片，形似小托叶。花萼浅钟状，长4mm，萼齿5个，近等大，圆形或钝三角形，被灰白色短柔毛，萼管近无毛。花冠白色或淡黄色，旗瓣近圆形，长和宽11mm，具短柄，有紫色脉纹，先端微缺，基部浅心形，翼瓣卵状长圆形，长10mm，宽4mm，先端浑圆，基部斜戟形，无皱褶，龙骨瓣阔卵状长圆形，与翼瓣等长，宽达6mm。雄蕊近分离，宿存。子房近无毛。荚果串珠状，长2.5~5cm或稍长，径10mm，种子间缢缩不明显，种子排列较紧密，具肉质果皮，成熟后不开裂，具种子1~6粒。种子卵球形，淡黄绿色，干后黑褐色。

生物学特性：花期7—8月，果期8—10月。

生境特征：生于山地。在三衢山喀斯特地貌中偶见，生于山甸和山地。

分布：原产于中国。日本、越南也有分布，朝鲜有野生。

槐枝叶（徐正浩摄）

槐羽状复叶（徐正浩摄）

槐果期植株（徐正浩摄）

8. 胡枝子 *Lespedeza bicolor* Turcz.

英文名：shrubby bushclover, shrub lespedeza, bicolor lespedeza

分类地位：植物界（Plantae）

被子植物门（Angiosperms）

双子叶植物纲（Dicotyledoneae）

豆目（Fabales）

豆科（Fabaceae）

胡枝子属（*Lespedeza* Michx.）

胡枝子（*Lespedeza bicolor* Turcz.）

形态学鉴别特征：直立灌木，高1~3m。茎多分枝。小枝黄色或暗褐色，有条棱，被疏短毛，芽卵形，长2~3mm，具数枚黄褐色鳞片。羽状复叶具3片小叶，柄长2~9cm。小叶质薄，卵形、倒卵形或卵状长圆形，长1.5~6cm，宽1~3.5cm，先端钝圆或微凹，稀稍尖，具短刺尖，基部近圆形或宽楔形，全缘；叶面绿色，无毛；叶背色淡，被疏柔毛，老时渐无毛。总状花序腋生，比叶长，常构成较疏松的大型圆锥花序。总花梗长4~10cm。小苞片2片，卵形，长不到1cm。花梗短，长1~2mm。花萼长3~5mm，5浅裂。花冠红紫色，长8~10mm，旗瓣倒卵形，先端微凹，翼瓣较短，近长圆形，基部具耳和瓣柄，龙骨瓣与旗瓣近等长，先端钝，基部具较长的瓣柄。子房被毛。荚果斜倒卵形，稍扁，长8~10mm，宽3~5mm，表面具网纹，密被短柔毛。

生物学特性：花期7—9月，果期9—10月。

生境特征：生于山坡、林缘、路旁、灌丛及杂木林间。在三衢山喀斯特地貌中习见，主要生于灌木丛、林下、溪边、岩石山地等生境。

分布：中国大部分地区有分布。俄罗斯、蒙古、朝鲜、韩国和日本也有分布。

胡枝子枝叶（徐正浩摄）

胡枝子花（徐正浩摄）

胡枝子果实（徐正浩摄）

胡枝子灌木丛植株（徐正浩摄）

第15章

杨柳科 Salicaceae

杨柳科（Salicaceae）具56属，1220种。而在克朗奎斯特系统中，杨柳科仅具3属，即柳属（*Salix* Linn.）、杨属（*Populus* Linn.）和钻天柳属（*Chosenia* Nakai），且归属杨柳目（Salicales）。

APG分类系统将以往杯盖花科（Scyphostegiaceae）以及大风子科（Flacourtiaceae）的一些种归入杨柳科。分子系统发育研究认为，杨柳科与堇菜科（Violaceae）和西番莲科（Passifloraceae）的亲缘关系更近，已将其归入金虎尾目（Malpighiales）。

1. 垂柳 *Salix babylonica* Linn.

中文异名：水柳、垂丝柳、清明柳

英文名：babylon willow, weeping willow

分类地位：植物界（Plantae）

　　　　　被子植物门（Angiospermae）

　　　　　双子叶植物纲（Dicotyledoneae）

　　　　　金虎尾目（Malpighiales）

　　　　　杨柳科（Salicaceae）

　　　　　柳属（*Salix* Linn.）

　　　　　垂柳（*Salix babylonica* Linn.）

形态学鉴别特征：多年生落叶乔木。高达12~18m。树冠开展而疏散，树皮灰黑色，不规则开裂，枝细，下垂，淡褐黄色、淡褐色或带紫色，无毛。芽线形，先端急尖。叶狭披针形或线状披针形，长9~16cm，宽0.5~1.5cm，先端长渐尖，基部楔形，边缘具细锯齿，叶面绿色，叶背色较淡，柄长3~10mm。雄花序长1.5~3cm，有短梗，雄蕊2枚，花丝与苞片近等长或比苞片较长，花药红黄色。雌花序长达2~5cm，有梗。子房椭圆形，无毛或下部稍有毛，无柄或近无柄。花柱短，柱头2~4深裂。蒴果长3~4mm，带绿黄褐色。

生物学特性：花开放先于叶长出，或与叶长出同时。花期3—4月，果期4—5月。速生树种。耐水湿，也能生于干旱处。

垂柳生境植株（徐正浩摄）

生境特征：是道旁、水边等处的绿化树种。在三衢山喀斯特地貌中生于溪边、山坡等生境。

分布：中国长江流域与黄河流域有分布。

垂柳下垂枝（徐正浩摄）

垂柳花序（徐正浩摄）

垂柳花期植株（徐正浩摄）

🌿 2. 旱柳 *Salix matsudana* Koidz.

分类地位：植物界（Plantae）

被子植物门（Angiospermae）

双子叶植物纲（Dicotyledoneae）

金虎尾目（Malpighiales）

杨柳科（Salicaceae）

柳属（*Salix* Linn.）

旱柳（*Salix matsudana* Koidz.）

形态学鉴别特征：多年生落叶乔木。高达18m，胸径达80cm。大枝斜上，树冠广圆形，树皮暗灰黑色，有裂沟，枝细长，直立或斜展，浅褐黄色或带绿色，后变褐色，无毛，幼枝有毛。叶披针形，长5~10cm，宽1~1.5cm，先端长渐尖，基部窄圆形或楔形，叶面绿色，有光泽，叶背苍白色或带白色，柄短，长5~8mm。雄花序圆柱形，长1.5~3cm，宽6~8mm，雄蕊2枚，花丝基部有长毛，花药卵形，黄色。雌花序较雄花序短，长达2cm，宽3~4mm，有3~5片小叶生于短花序梗上。子房长椭圆形，近无柄，无毛。花柱短。柱头卵形。果序长达2cm。

旱柳叶背（徐正浩摄）

旱柳叶序（徐正浩摄）

旱柳花序（徐正浩摄）

旱柳花期植株（徐正浩摄）

生物学特性：花开放与叶长出同时。花期4月，果期4—5月。

生境特征：生于山地、草地、溪边等。在三衢山喀斯特地貌中生于溪边。

分布：中国华南、华北、华中和华东等地有分布。

3. 柞木 *Xylosma congestum* (Lour.) Merr.

中文异名：红心刺、葫芦刺、蒙子树、凿子树

拉丁文异名：*Xylosma racemosum*（Sieb. et Zucc.）Miq.

分类地位：植物界（Plantae）

　　　　被子植物门（Angiospermae）

　　　　双子叶植物纲（Dicotyledoneae）

　　　　金虎尾目（Malpighiales）

　　　　杨柳科（Salicaceae）

　　　　柞木属（*Xylosma* G. Forst）

　　　　柞木（*Xylosma congestum*（Lour.）Merr.）

形态学鉴别特征：常绿大灌木或小乔木。高4~15m。树皮棕灰色，呈不规则裂片从下向上反卷；幼时有枝刺，结果株无刺；枝条近无毛或有疏短毛。叶薄革质，雌雄株稍有区别，通常雌株的叶有变化，菱状椭圆形至卵状椭圆形，长4~8cm，宽2.5~3.5cm，先端渐尖，基部楔形或圆形，边缘有锯齿，两面无毛或在近基部中脉有污毛；叶柄短，长2mm，有短毛。花小，总状花序腋生，长1~2cm，花梗极短，长3mm；花萼4~6片，卵形，长2.5~3.5mm，外面有短毛；花瓣缺。雄花有多枚雄蕊，花丝细长，长4.5mm，花药椭圆形，底着药；花盘由多个腺体组成，包围着雄蕊。雌花的萼片与雄花同；子房椭圆形，无毛，长4.5mm，1室，有2个侧膜胎座，花柱短，柱头2裂；花盘圆形，边缘稍波状。浆果黑色，球形，顶端有宿存花柱，径4~5mm。种子2~3粒，卵形，长2~3mm，鲜时绿色，干后褐色，有黑色条纹。

柞木果期生境植株（徐正浩摄）

生物学特性：花期春季，果期冬季。

生境特征：生于林边、丘陵、平原或村边灌丛。在三衢山喀斯特地貌中习见，生于岩石山地、石缝、路边、灌木丛中、林下、溪边等生境，其中在岩石山地、灌木丛中常形成优势种群。

分布：中国西南、华南、东南、华中和华东等地有分布。印度、朝鲜、韩国和日本也有分布。

柞木树干（徐正浩摄）

柞木枝叶（徐正浩摄）

柞木枝刺（徐正浩摄）

柞木叶序（徐正浩摄）

柞木花（徐正浩摄）

柞木花序（徐正浩摄）

柞木花枝（徐正浩摄）

柞木发育果实（徐正浩摄）

柞木果枝（徐正浩摄）

柞木苗期植株（徐正浩摄）

柞木果期植株（徐正浩摄）

第16章

卫矛科 Celastraceae

卫矛科（Celastraceae）隶属卫矛目（Celastrales），具96属，含1350种。主要分布于热带地区，仅南蛇藤属（*Celastrus* Linn.）和美登木属（*Maytenu* Molina）广泛分布于温带地区。

卫矛科植物为草本、藤本、灌木或乔木，乔木落叶或常绿。单叶，常对生或互生。托叶细小，早落或无。花两性或退化为功能性不育的单性花，杂性同株，较少异株。聚伞花序。萼片4~5片，花瓣4~5片，常分离。心皮常2~5片，合生。倒生胚珠。多为蒴果。种子常具假种皮。胚乳肉质丰富。

1. 刺果卫矛 *Euonymus acanthocarpus* Franch.

中文异名：长梗刺果卫矛、棘果卫矛

分类地位：植物界（Plantae）

被子植物门（Angiospermae）

双子叶植物纲（Dicotyledoneae）

卫矛目（Celastrales）

卫矛科（Celastraceae）

卫矛属（*Euonymus* Linn.）

刺果卫矛（*Euonymus acanthocarpus* Franch.）

形态学鉴别特征：灌木或藤本。高2~3m。小枝密被黄色细疣突。叶革质，长方椭圆形、长方卵形或窄卵形，少数为阔披针形，长7~12cm，宽3~5.5cm，先端急尖或短渐尖，基部楔形、阔楔形或稍近圆形，边缘疏浅齿不明显，侧脉5~8对，在叶缘边缘处结网，小脉网通常不显。叶柄长1~2cm。聚伞花序疏大，多为2~3次分枝。花序梗扁宽，具4条棱，长1.5~8cm，第1次分枝较长，通常1~2cm，第2次分枝稍短。小花梗长4~6mm。花黄绿色，径

刺果卫矛对生叶（徐正浩摄）

刺果卫矛花序梗（徐正浩摄）

刺果卫矛岩石生境居群（徐正浩摄）

6~8mm。萼片近圆形。花瓣近倒卵形，基部窄缩成短爪。花盘近圆形。雄蕊具明显花丝，花丝长2~3mm，基部稍宽。子房有花柱，柱头不膨大。蒴果成熟时为棕褐色带红色，近球状，径连刺1~1.2cm，刺密集，针刺状，基部稍宽，长1.5mm。种子外被橙黄色假种皮。

生物学特性：花期6—7月，果期9—10月。

生境特征：生于丛林、山谷、溪边等阴湿处。在三衢山喀斯特地貌中生于岩石山地、岩石缝、灌木丛等生境，在岩石山地形成优势种群。

分布：中国西南、华南、华中等地有分布。

2. 肉花卫矛 *Euonymus carnosus* Hemsl.

分类地位：植物界（Plantae）

被子植物门（Angiospermae）

双子叶植物纲（Dicotyledoneae）

卫矛目（Celastrales）

卫矛科（Celastraceae）

卫矛属（*Euonymus* Linn.）

肉花卫矛（*Euonymus carnosus* Hemsl.）

形态学鉴别特征：半常绿灌木或乔木。叶近革质，较大，长方椭圆形、阔椭圆形、窄长方形或长方倒卵形，长5~15cm，宽3~8cm，先端突成短渐尖，基部圆阔。叶柄长达2.5cm。聚伞花序具3~9朵花。花序梗长3~5cm。小花梗长0.5~1cm。小苞片窄线形，长5~8mm。花黄白色，4基数，较大，径达1.5cm。花萼大部分合生，萼片极短。花瓣近圆形，中央有嚼蚀状皱纹。雄蕊着生在花盘四角的圆盘形突起上，花丝极短，小于1.5mm，花药近顶裂。子房四棱锥状，花柱长1~3mm，每室有胚珠6~12个。蒴果近球状，常具窄翅棱，宿存花萼圆盘状，径达5~7mm。种子长圆形，长3~5mm，黑红色，有光泽，假种皮红色，盔状，覆盖种子的上半部。

生物学特性：花期6—7月，果期9—10月。

肉花卫矛花（徐正浩摄）

肉花卫矛花序（徐正浩摄）

肉花卫矛花期山甸生境植株（徐正浩摄）

生境特征：生于山地丛林、溪边、河谷等处。在三衢山喀斯特地貌中生于山甸等生境。

分布：中国华东、华中等地有分布。日本也有分布。

3. 疏花卫矛 *Euonymus laxiflorus* Champ. ex Benth.

分类地位：植物界（Plantae）

被子植物门（Angiospermae）

双子叶植物纲（Dicotyledoneae）

卫矛目（Celastrales）

卫矛科（Celastraceae）

卫矛属（*Euonymus* Linn.）

疏花卫矛（*Euonymus laxiflorus* Champ. ex Benth.）

形态学鉴别特征：灌木，高达4m。叶纸质或近革质，卵状椭圆形、长方椭圆形或窄椭圆形，长5~12cm，宽2~6cm，先端钝渐尖，基部阔楔形或稍圆，全缘或具不明显的锯齿，侧脉多不明显。叶柄长3~5mm。聚伞花序分枝疏松，具5~9朵花。花序梗长1cm。花紫色，5基数，径8mm。萼片边缘常具紫色短睫毛。花瓣长圆形，基部窄。花盘5浅裂，裂片钝。雄蕊无花丝，花药顶裂。子房无花柱，柱头圆。蒴果紫红色，倒圆锥状，长7~9mm，径9mm，先端稍平截。

疏花卫矛叶（徐正浩摄）

疏花卫矛叶序（徐正浩摄）

疏花卫矛花期石林生境植株（徐正浩摄）

种子长圆状，长5~9mm，径3~5mm，种皮枣红色，假种皮橙红色，高仅3mm左右，呈浅杯状包围种子基部。

生物学特性：花期3—6月，果期7—11月。

生境特征：生于山上、山腰及路旁密林中。在三衢山喀斯特地貌中习见，生于岩石缝、岩石山地、乔木林、路边、灌木丛等生境。

分布：中国台湾、福建、江西、湖南、香港、广东、广西、贵州、云南等地有分布。越南也有分布。

4. 南蛇藤 *Celastrus orbiculatus* Thunb.

中文异名：蔓性落霜红、南蛇风、大南蛇、香龙草、果山藤

英文名：Oriental bittersweet, Chinese bittersweet, Asian bittersweet, round-leaved bittersweet, Asiatic bittersweet

分类地位：植物界（Plantae）

被子植物门（Angiospermae）

双子叶植物纲（Dicotyledoneae）

卫矛目（Celastrales）

卫矛科（Celastraceae）

南蛇藤属（*Celastrus* Linn.）

南蛇藤（*Celastrus orbiculatus* Thunb.）

形态学鉴别特征：小枝光滑无毛，灰棕色或棕褐色，具稀而不明显的皮孔。腋芽小，卵状到卵圆状，长1~3mm。叶通常阔倒卵形、近圆形或长方椭圆形，长5~13cm，宽3~9cm，先端

圆阔，具小尖头或短渐尖，基部阔楔形到近钝圆形，边缘具锯齿，两面光滑无毛或叶背脉上具稀疏短柔毛，侧脉3~5对。叶柄细，长1~2cm。聚伞花序腋生，间有顶生，花序长1~3cm，小花1~3朵，偶仅1~2朵，小花梗关节在中部以下或近基部。雄花萼片钝三角形。花瓣倒卵椭圆形或长方形，长3~4cm，宽2~2.5mm。花盘浅杯状，裂片浅，顶端圆钝。雄蕊长2~3mm，退化雌蕊不发达。雌花花冠较雄花窄小，花盘稍深厚，肉质，退化雄蕊极短小。子房近球状，花柱长1.5mm，柱头3深裂，裂端再2浅裂。蒴果近球状，径8~10mm。种子椭圆状，稍扁，长4~5mm，径2.5~3mm，赤褐色。

生物学特性：花期5—6月，果期7—10月。

生境特征：生于山坡灌丛。在三衢山喀斯特地貌中习见，在灌木丛常形成优势种群，也生于林缘、山地、路边、草丛等生境。

分布：中国东北、华北、华东、华中、西南以及陕西、甘肃等地有分布。朝鲜、日本也有分布。

南蛇藤枝条（徐正浩摄）

南蛇藤叶（徐正浩摄）

南蛇藤果序（徐正浩摄）

南蛇藤种子（徐正浩摄）

第17章

冬青科 Aquifoliaceae

冬青科（Aquifoliaceae）隶属冬青目（Aquifoliales），具1属，含480种。有常绿或落叶乔木、小乔木、灌木和攀缘植物，世界广布，热带至温带均有分布。

单叶，互生，具光泽，边缘常具锯齿。通常为雌雄异株。花不显，绿白色，花瓣4片。果实为浆果状核果，红色至棕黄色至黑色。每分核具1粒种子。种子含丰富的胚乳，胚小，直立，子房扁平。

1. 大果冬青 *Ilex macrocarpa* Oliv.

分类地位：植物界（Plantae）

　　　　　　被子植物门（Angiospermae）

　　　　　　　双子叶植物纲（Dicotyledoneae）

　　　　　　　　冬青目（Aquifoliales）

　　　　　　　　　冬青科（Aquifoliaceae）

　　　　　　　　　　冬青属（*Ilex* Linn.）

　　　　　　　　　　　大果冬青（*Ilex macrocarpa* Oliv.）

形态学鉴别特征：落叶乔木。植株高5~15m。小枝栗褐色或灰褐色，具长枝和短枝，长枝皮孔圆形，明显，无毛。叶在长枝上互生，在短枝上为1~4片簇生。叶片纸质至坚纸质，卵形、卵状椭圆形，稀长圆状椭圆形，长4~15cm，宽3~6cm，先端渐尖至短渐尖，基部圆形或钝，边缘具细锯齿。叶面深绿色，叶背浅绿色，两面无毛，或叶面幼时疏被短的微柔毛。主脉与叶面平或下陷，疏被细小微柔毛或无毛，在叶背隆起，无毛或有时疏被细小微柔毛。侧脉8~10对，在叶面平坦或稍凸起，在叶背凸起，于叶缘附近网结，网状脉在两面明显。叶柄长1~1.2cm，上面具狭沟，疏被细小微柔毛。托叶很小，不显。雄花：单花或2~5朵花组成聚伞花序，单生或簇生于当年生或二年生枝的叶腋内，或生于短枝的鳞片腋内或叶腋内，总花梗长2~3mm，花梗长3~7mm，均无毛。花白色，5~6基

大果冬青枝叶（俞黎红摄）

数。花萼盘状，5~6浅裂，裂片三角状卵形，具缘毛；花冠辐状，径5~7mm，花瓣倒卵状长圆形，长2~3mm，宽1.5~2mm，基部稍联合；雄蕊与花瓣互生，近等长，花药长圆形；退化子房垫状，顶端稍凹。雌花：单生于叶腋或鳞片腋内，花梗长6~18mm，无毛，基部具2片卵状小苞片；花7~9基数，花萼盘状，径3~5mm，7~9浅裂，裂片卵状三角形，先端钝或圆形，具缘毛；花冠辐状，径1~1.2cm，花瓣长4~5mm，基部稍联合；退化雄蕊与花瓣互生，长为其2/3，败育花药箭头形，顶端钝；子房圆锥状卵形，基部径2~3mm，花柱明显，柱头圆柱形，无毛。果球形，径10~14mm，成熟时黑色，基部具平展的宿存花萼，顶端具圆柱形宿存柱头，具分核7~9个。分核长圆形，两侧扁，背部具3条棱和2条沟，侧面具网状棱沟，内果皮坚硬，石质。

生物学特性：花期4—5月，果期10—11月。

生境特征：生于山地林中。在三衢山喀斯特地貌中偶见，生于岩石山地生境。

分布：中国华东、华中、华南、西南以及陕西等地有分布。

2. 冬青 *Ilex chinensis* Sims

分类地位：植物界（Plantae）

被子植物门（Angiospermae）

双子叶植物纲（Dicotyledoneae）

冬青目（Aquifoliales）

冬青科（Aquifoliaceae）

冬青属（*Ilex* Linn.）

冬青（*Ilex chinensis* Sims）

形态学鉴别特征：常绿乔木。茎高达13m。树皮灰黑色，当年生小枝浅灰色，圆柱形，具细棱。二年至多年生枝具不明显的小皮孔，叶痕新月形，凸起。叶片薄革质至革质，椭圆形或披针形，稀卵形，长5~11cm，宽2~4cm，先端渐尖，基部楔形或钝，边缘具圆齿，或有时在幼叶为锯齿。叶面绿色，有光泽，干时深褐色，叶背淡绿色。主脉在叶面平，在叶背隆起，侧脉6~9对，在叶面不明显，在叶背明显。叶片无毛，或有时在雄株幼枝顶芽、幼叶叶柄及主脉上有长柔毛。叶柄长8~10mm，上面平或有时具窄沟。雄花：花序具3~4回分枝，总花梗长7~14mm，二级轴长2~5mm，花梗长2mm，无毛，每分枝具花7~24朵；花淡紫色或紫红色，4~5基数；花萼浅杯状，裂片阔卵状三角形，具缘毛；花冠辐状，径

冬青树干（徐正浩摄）

冬青果期枝叶（徐正浩摄）

冬青果熟期枝叶（徐正浩摄）

冬青叶面（徐正浩摄）

冬青果实（徐正浩摄）

冬青果枝（徐正浩摄）

冬青果期植株（徐正浩摄）

5mm，花瓣卵形，长2.5mm，宽2mm，开放时反折，基部稍合生；雄蕊短于花瓣，长1.5mm，花药椭圆形；退化子房圆锥状，长不足1mm。雌花：花序具1~2回分枝，具花3~7朵，总花梗长3~10mm；花梗长6~10mm；花萼和花瓣同雄花，退化雄蕊长为花瓣的1/2，败育花药心形；子房卵球形，柱头具不明显的4~5裂，厚盘形。果长球形，成熟时红色，长10~12mm，径6~8mm。种子分核4~5个，狭披针形，长9~11mm，宽2.5mm，背面平滑，凹形，断面呈三棱形，内果皮厚革质。

生物学特性：花期4—6月，果期7—12月。

生境特征：生于海拔500~1000m的山坡上的常绿阔叶林中和林缘。在三衢山喀斯特地貌中习见，常生于山地、山甸等。

分布：中国西南、华南、东南、华中和华东等地有分布。日本也有分布。

冬青果熟期生境植株（徐正浩摄）

3. 刺叶冬青 *Ilex bioritsensis* Hayata

中文异名：双子冬青、壮刺冬青

分类地位：植物界（Plantae）

被子植物门（Angiospermae）

双子叶植物纲（Dicotyledoneae）

冬青目（Aquifoliales）

冬青科（Aquifoliaceae）

冬青属（*Ilex* Linn.）

刺叶冬青（*Ilex bioritsensis* Hayata）

形态学鉴别特征：常绿灌木或小乔木。植株高1.5~10m。小枝近圆形，灰褐色，疏被微柔毛或无毛，平滑，皮孔不明显。顶芽圆锥形，顶端急尖，被微柔毛，芽鳞具缘毛。叶生于一年生至四年生枝上，叶片革质，卵形至菱形，长2.5~5cm，宽1.5~2.5cm，先端渐尖，且具1个长3mm的刺，基部圆形或截形，边缘波状，具3或4对硬刺齿，叶面深绿色，具光泽，叶背淡绿色，无毛，主脉在叶面凹陷，被微柔毛，在叶背隆起，无毛，侧脉4~6对，在叶面明显凹入，在叶背不明显或稍凸起，细网脉在两面不明显。叶柄长2~3mm，被短柔毛。托叶小，卵形，急尖。花簇生于二年生枝的叶腋内，花梗长1~2mm，小苞片卵形，具缘毛。花2~4基数，淡黄绿色。雄花：花梗长2mm，无毛，近顶部具2片卵形小苞片；花萼盘状，径2~3mm，裂片宽三角形，具缘毛；花瓣阔椭

刺叶冬青枝叶（余黎红摄）

刺叶冬青树干树枝（徐正浩摄）　　　　　　　刺叶冬青花（徐正浩摄）

刺叶冬青生境植株（徐正浩摄）　　　　　　　刺叶冬青花期居群（徐正浩摄）

圆形，长2~3mm，基部稍合生；雄蕊长于花瓣，花药长圆形；不育子房卵球形，径0.5~1mm。雌花：花梗长1~2mm，近基部具2片小苞片，无毛；花萼像雄花，花瓣分离；退化雄蕊长为花瓣的1/2，败育花药心形；子房长圆状卵形，长2~3mm，柱头薄盘状。果椭圆形，长8~10mm，径5~7mm，成熟时红色，宿存花萼平展，宿存柱头盘状；分核2个，背腹扁，卵形或近圆形，长5~6mm，宽4~5mm，背部稍凸，具掌状棱和浅沟7~8条，腹面具条纹，内果皮木质。

生物学特性：花期4—5月，果期8—10月。

生境特征：生于山地常绿阔叶林或杂木林中。在三衢山喀斯特地貌中习见，常生于灌木丛、山地或岩石等生境。

分布：中国华东、华中、西南、东北等地有分布。

第18章

唇形科 Lamiaceae

唇形科（Lamiaceae）隶属唇形目（Lamiales），具236属，含6900~7200种。在APG分类系统中，以往马鞭草科的一些属现已归入其他科，其中主要归入唇形科，如牡荆属（*Vitex* Linn.）、大青属（*Clerodendrum* Linn.）等45属，已归入唇形科。

乔木、灌木或一年生至多年生草本，稀为藤本。其重要特征为：花序头状、穗状，或小花呈簇。许多花常具芳香味。大部分植物种为芳香植物。常具含芳香油的表皮，有柄或无柄的腺体，各种各样的单毛、具节毛、星状毛和树枝状毛，有四棱及沟槽的茎和对生或轮生的枝条。

根纤维状，稀增厚呈纺锤形，极稀具小块根。

偶有新枝形成具多少退化叶的气生走茎或地下匍匐茎，后者往往具肥短节间及无色叶片。

单叶，全缘至具有各种锯齿，浅裂至深裂，稀为复叶，对生（常交互对生），稀3~8片轮生，极稀部分互生。

花序聚伞式，常形成轮状的轮伞花序，再聚合成顶生或腋生的总状、穗状、圆锥状，稀头状的复合花序。每朵花下常又有一对纤小的小苞片。花两侧对称，稀辐射对称，两性。花萼下位，宿存，在果期增大，加厚，合萼，5基数，稀4基数。花冠合瓣，冠檐5裂，稀4裂。雄蕊在花冠上着生，与花冠裂片互生，通常4枚，二强，有时退化为2枚。花丝有毛或无毛，通常直伸。药隔伸出或否。花药通常长圆形、卵圆形至线形，稀球形，2室，内向。下位花盘通常肉质，显著，通常全缘至2~4浅裂。雌蕊由2个中向心皮形成。子房上位，无柄，稀具柄。胚珠单被，倒生，直立，基生，着生于中轴胎座上。花柱顶端具2个等长稀不等长的裂片。

果通常裂成4个小坚果，稀核果状，倒卵圆形或四棱形，光滑，具毛或有皱纹、雕纹。

种子每坚果单生，直立，极稀横生而皱曲，具薄而以后常全部被吸收的种皮，基生，稀侧生。胚乳在果无，如存在则极不发育。胚具扁平，稀凸或有折，微肉质，与果轴平行或横生的子叶。

1. 老鸦糊 *Callicarpa giraldii* Hesse ex Rehd.

中文异名：鱼胆、小米团花
分类地位：植物界（Plantae）
　　　　　　被子植物门（Angiospermae）
　　　　　　双子叶植物纲（Dicotyledoneae）

唇形目（Lamiales）

唇形科（Lamiaceae）

紫珠属（*Callicarpa* Linn.）

老鸦糊（*Callicarpa giraldii* Hesse ex Rehd.）

形态学鉴别特征：灌木，高1~5m。小枝圆柱形，灰黄色，被星状毛。叶片纸质，宽椭圆形至披针状长圆形，长5~15cm，宽2~7cm，顶端渐尖，基部楔形或下延成狭楔形，边缘有锯齿，叶面黄绿色，稍有微毛，叶背淡绿色，疏被星状毛和细小黄色腺点，侧脉8~10对，主脉、侧脉和细脉在叶背隆起，细脉近平行。叶柄长1~2cm。聚伞花序宽2~3cm，4~5次分歧，被毛与小枝同。花萼钟状，疏被星状毛，老后常脱落，具黄色腺点，长1.5mm，萼齿钝三角形。花冠紫色，稍有毛，具黄色腺点，长3mm。雄蕊长6mm，花药卵圆形，药室纵裂，药隔具黄色腺点。子房被毛。果实球形，初时疏被星状毛，熟时无毛，紫色，径2.5~4mm。

老鸦糊茎（徐正浩摄）

生物学特性：花期5—6月，果期7—11月。

生境特征：生于疏林和灌丛中。在三衢山喀斯特地貌中常生于灌木丛、林下等生境。

分布：中国华东、华中、华南、西南以及甘肃、陕西等地有分布。

老鸦糊果枝（徐正浩摄）

老鸦糊果期植株（徐正浩摄）

2. 紫珠 *Callicarpa bodinieri* H. Léveillé

中文异名：珍珠枫、漆大伯、大叶鸦鹊饭、白木姜、爆竹紫

英文名：Bodinier's beautyberry

分类地位：植物界（Plantae）

被子植物门（Angiospermae）

双子叶植物纲（Dicotyledoneae）

唇形目（Lamiales）

唇形科（Lamiaceae）

紫珠属（*Callicarpa* Linn.）

紫珠（*Callicarpa bodinieri* H. Léveillé）

形态学鉴别特征：紫珠与老鸦糊的区别：紫珠较老鸦糊叶背被毛密，两面密生暗红色或红色细粒状腺点，干后常为暗棕褐色，且花序较松散，果实通常较小。

紫珠为灌木，高2m。小枝、叶柄和花序均被粗糠状星状毛。叶片卵状长椭圆形至椭圆形，长7~18cm，宽4~7cm，顶端长渐尖至短尖，基部楔形，边缘有细锯齿，叶面干后暗棕褐色，有短柔毛，叶背灰棕色，密被星状柔毛，两面密生暗红色或红色细粒状腺点。叶柄长0.5~1cm。聚伞花序宽3~4.5cm，4~5次分歧，花序梗长不超

紫珠花期枝叶（徐正浩摄）

过1cm。苞片细小，线形。花柄长1mm。花萼长1mm，外被星状毛和暗红色腺点，萼齿钝三角形。花冠紫色，长3mm，被星状柔毛和暗红色腺点。雄蕊长6mm，花药椭圆形，细小，长1mm，药隔有暗红色腺点，药室纵裂。子房有毛。果实球形，熟时紫色，无毛，径2mm。

生物学特性：花期6—7月，果期8—11月。

生境特征：生于林中、林缘及灌丛中。在三衢山喀斯特地貌中生于岩石山地、林下、灌木丛、林缘等生境。

分布：中国华东、华中、华北、华南、西南等地有分布。越南也有分布。

3. 大青 *Clerodendrum cyrtophyllum* Turcz.

中文异名：路边青、山靛青、鸭公青、野靛青

分类地位：植物界（Plantae）

被子植物门（Angiospermae）

双子叶植物纲（Dicotyledoneae）

唇形目（Lamiales）

唇形科（Lamiaceae）

大青属（*Clerodendrum* Linn.）

大青（*Clerodendrum cyrtophyllum* Turcz.）

形态学鉴别特征：灌木或小乔木，高1~10m。幼枝被短柔毛，枝黄褐色，髓坚实。冬芽圆锥状，芽鳞褐色，被毛。叶片纸质，椭圆形、卵状椭圆形、长圆形或长圆状披针形，长6~20cm，宽3~9cm，顶端渐尖或急尖，基部圆形或宽楔形，通常全缘，两面无毛或沿脉疏生短柔毛，叶背常有腺点，侧脉6~10对。叶柄长1~8cm。伞房状聚伞花序，生于枝顶或叶腋，长10~16cm，宽20~25cm。苞片线形，长3~7mm。花小，有橘香味。萼杯状，外面被黄褐色短茸毛和不明显的腺点，长3~4mm，顶端5裂，裂片三角状卵形，长1mm。花冠白色，外面疏生细毛和腺点，花冠管细长，长1cm，顶端5裂，裂片卵形，长5mm；雄蕊4枚，花丝长1.6cm，与花柱同伸出花冠外。子房4室，每室1颗胚珠，常不完全发育。柱头2浅裂。果实球形或倒卵形，径5~10mm，绿色，成熟时蓝紫色，为红色的宿萼所托。

大青叶背（徐正浩摄）

大青植株（徐正浩摄）

生物学特性：花果期6月至翌年2月。

生境特征：生于平原、丘陵、山地林下或溪谷旁。在三衢山喀斯特地貌中生于岩石山地、山坡、草地或阴湿处等生境。

分布：中国西南、华南、华中和华东有分布。越南、马来西亚、朝鲜和韩国也有分布。

4. 牡荆 *Vitex negundo* Linn. var. *cannabifolia* (Sieb. et Zucc.) Hand.-Mazz.

英文名：Chinese chastetree, five-leaved chaste tree, horseshoe vitex

分类地位：植物界（Plantae）

被子植物门（Angiospermae）

双子叶植物纲（Dicotyledoneae）

唇形目（Lamiales）

唇形科（Lamiaceae）

牡荆属（*Vitex* Linn.）

牡荆（*Vitex negundo* Linn. var. *cannabifolia*（Sieb. et Zucc.）Hand.-Mazz.）

形态学鉴别特征：灌木或小乔木。小枝四棱形，密生灰白色茸毛。掌状复叶，小叶5片，稀3片。小叶片长圆状披针形至披针形，顶端渐尖，基部楔形，全缘或每边有少数粗锯齿，叶面绿色，叶背密生灰白色茸毛。中间小叶长4~13cm，宽1~4cm，两侧小叶依次减小，若具5片小叶，中间3片小叶有柄，最外侧的2片小叶无柄或近于无柄。聚伞花序排成圆锥花序式，顶生，长10~27cm，花序梗密生灰白色茸毛。花萼钟状，顶端有5裂齿，外有灰白色茸毛。花冠淡紫色，外有微柔毛，顶端5裂，二唇形。雄蕊伸出花冠管外。子房近无毛。核果近球形，径2mm。宿萼接近果实的长度。

生物学特性：花期4—6月，果期7—10月。

生境特征：生于山坡路旁或灌木丛中。在三衢山喀斯特地貌中习见，在山地常形成优势种群，也常生于草坡、溪边、路边、石缝等生境。

分布：中国长江以南，北达秦岭淮河有分布。非洲东部、亚洲东南部及南美洲的玻利维亚也有分布。

牡荆树枝（徐正浩摄）

牡荆茎叶（徐正浩摄）

牡荆叶（徐正浩摄）

牡荆岩石生境植株（徐正浩摄）

牡荆花期山地生境植株（徐正浩摄）

第19章

金缕梅科 Hamamelidaceae

金缕梅科隶属虎耳草目，具27~30属，含80~140种。金缕梅科具6个亚科，即马蹄荷亚科（Exbucklandioideae），红花荷亚科（Rhodoleioideae），壳菜果亚科（Mytilarioideae），双花木亚科（Disanthoideae），金缕梅亚科（Hamamelidoideae）和阿丁枫亚科（Altingioideae）。金缕梅亚科具22属，含物种最多。

金缕梅科与虎耳草目其他科的区别在于：花排列特征均一；另外，均一特征还包括托叶在茎上常呈2列；常具2心皮雌蕊群；再者，柱头多室，浅乳头状突起或脊状突起。

金缕梅科的花瓣常狭窄，肋状，但蜡瓣花属（*Corylopsis* Siebold ex Zucc.）和红花荷属（*Rhodoleia* Champ. ex Hook.）例外，花瓣为匙形或圆形。花两性，具花被片，常宿存，果序呈穗状、总状或非球形头状。

1. 檵木 *Loropetalum chinense* (R. Br.) Oliv.

中文异名：白花檵木

英文名：Chinese fringe flower

分类地位：植物界（Plantae）

　　　　　被子植物门（Angiospermae）

　　　　　双子叶植物纲（Dicotyledoneae）

　　　　　虎耳草目（Saxifragales）

　　　　　金缕梅科（Hamamelidaceae）

　　　　　檵木属（*Loropetalum* R. Brown）

　　　　　檵木（*Loropetalum chinense*（R. Br.）Oliv.）

形态学鉴别特征：落叶灌木或小乔木。植株高1~2m。多分枝，小枝被黄褐色星状柔毛。叶革质，卵形，长1.5~5cm，宽1~2.5cm，先端锐尖或钝，基部偏斜而圆，全缘，叶面略有粗毛或秃净，叶背密生星状柔毛，灰白色。叶柄长2~5mm，被星状毛。托叶膜质，三角状披针形，早落。簇生花3~8朵。花开放先于新叶长出或与新叶长出同时。苞片线形，萼筒杯状，被星状毛，萼齿卵形。花瓣白色，4片，线形，长1~2cm。雄蕊4枚，花丝极短。退化雄蕊4枚，与雄蕊互生，鳞片状。子房下位，被星状毛。花柱极短，长1mm。胚珠1颗。蒴果褐色，近卵形，长6~8mm，宽5~7mm，被褐色星状毛，2瓣裂，每瓣2浅裂。萼筒长为蒴果的2/3。种子长卵形，

檵木花（徐正浩摄）

檵木果期植株（徐正浩摄）

檵木花果期植株（徐正浩摄）

檵木岩石生境植株（徐正浩摄）

长4~5mm，黑色，发亮。

  生物学特性：花期3—4月，果期7—8月。

  生境特征：生于林下、灌木丛、草丛、溪边等。在三衢山喀斯特地貌中习见，生于石林山地、林下、灌木丛、溪边、草丛等生境。

  分布：中国中部、南部及西南等地有分布。日本、印度也有分布。

第20章

蕈树科 Altingiaceae

蕈树科隶属虎耳草目（Saxifragales），自以往金缕梅科（Hamamelidaceae）中独立列出。蕈树科具1属，即枫香树属（*Liquidambar* Linn.），含15种。风媒花。果实硬，木质，含多数种子。原产于中美洲、墨西哥、北美东部、地中海东部和亚洲热带地区。

落叶乔木。叶互生，具长柄，掌状分裂，具掌状脉，边缘有锯齿。托叶线形，早落。花单性，雌雄同株，花瓣缺如。雄花多数，呈头状或穗状花序，排成总状花序。每一雄花头状花序有苞片4片，无萼片及花瓣；雄蕊多而密集，花丝与花药等长，花药卵形，先端圆而凹入，2室，纵裂。雌花多数，聚生在圆球形头状花序上，具1个苞片；萼筒与子房合生，萼裂针状，宿存，有时或缺；退化雄蕊有或无；子房半下位，2室，藏在头状花序轴内，花柱2个，柱头线形，有多数细小乳头状突起；胚珠多数，着生于中轴胎座。头状果序圆球形，有多数蒴果。蒴果木质，室间裂开为2个，果皮薄，有宿存花柱或萼齿。种子多数，在胎座最下部的数个完全发育，有窄翅。种皮坚硬。胚乳薄，胚直立。

1. 枫香树 *Liquidambar formosana* Hance

中文异名：枫树

英文名：Chinese sweet gum, Formosan gum

分类地位：植物界（Plantae）

　　　　　　被子植物门（Angiospermae）

　　　　　　双子叶植物纲（Dicotyledoneae）

　　　　　　虎耳草目（Saxifragales）

　　　　　　蕈树科（Altingiaceae）

　　　　　　枫香树属（*Liquidambar* Linn.）

　　　　　　枫香树（*Liquidambar formosana* Hance）

形态学鉴别特征：乔木。深根性，主根粗长。高达40m，小枝有柔毛。叶互生，轮廓宽卵形，掌状3裂，边缘有锯齿，掌状脉3~5条，托叶红色条形，早落。花单性同株。雄花排成葇荑花序，无花瓣，雄蕊多数，顶生。雄性短穗状花序常多个排成总状。花丝不等长，花药比花丝略短。雌花圆头状，悬于细长花梗上，生于雄花下叶腋处。雌性头状花序有花24~43朵，花序柄长3~6cm，偶有皮孔，无腺体。萼齿4~7个，针形，长4~8mm。子房半下位，2室，子房下半部藏在头状花序轴内，上半部游离，有柔毛，花柱长6~10mm，先端常卷曲。花柱宿存。果实头状，具短刺。头状果序圆球形，木质，径3~4cm。果穗由多数蒴果组成，每一蒴果仅有1~2粒可孕的黑色种子，顶端具倒卵形短翅，不孕种子为黄色，较淡，无翅。蒴果下半部藏于花序轴内，有宿存花柱及针刺状萼齿。种子多数，褐色，多角形或有窄翅。

枫香树树干和树枝（徐正浩摄）

枫香树果实（徐正浩摄）

枫香树花期植株（徐正浩摄）

枫香树果期植株（徐正浩摄）

枫香树岩石生境植株（徐正浩摄）

生物学特性：花期3—4月，果期10月。喜温暖湿润气候，性喜光，幼树稍耐阴，耐干旱瘠薄土壤，不耐水涝。抗风力强。种子有隔年发芽的习性，不耐寒，不耐盐碱及干旱。

生境特征：在湿润肥沃而深厚的红黄壤土上生长良好。在三衢山喀斯特地貌中习见，生于岩石山地、山坡、乔灌木丛、山甸等生境。

分布：北美洲东部、南亚、东亚、东南亚等地有分布。

第21章

禾本科 Poaceae

禾本科具771属，12000余种，分为12个亚科，是单子叶植物的第二大科，是被子植物第五大科。为草本或木本（主要指竹类和一些高大禾草）。绝大多数为须根系。直立或匍匐，稀藤状，基部常具分蘖，具节、节间。单叶互生，具叶鞘、叶舌、叶片。风媒花为主，常无柄，在小穗轴上交互排列为2行，形成小穗，组成复合花序。小穗轴为短缩的花序轴，其节处生有苞片和先出叶，若其最下方数节只生有苞片而无他物，则苞片称颖。在上方的各节除有苞片和位于近轴的先出叶外，还在两者之间具备一些花的内容，则此时苞片称外稃，先出叶称内稃。两性小花具外稃、内稃、鳞被，雄蕊1~6枚，雌蕊1枚。果实常为颖果，其果皮质薄而与种皮愈合，一般连同包裹它的稃片合称为谷粒。种子常含有丰富淀粉质胚乳及一小胚体，具种脐和腹沟。

🌿 1. 刚竹 *Phyllostachys viridis* (Young) McClure.

英文名：

分类地位：植物界（Plantae）

被子植物门（Angiospermae）

单子叶植物纲（Monocotyledoneae）

鸭跖草分支（Commelinids）

禾本目（Poales）

禾本科（Poaceae）

竹亚科（Bambusoideae）

刚竹属（*Phyllostachys* Sieb. et Zucc.）

刚竹（*Phyllostachys viridis* (Young) McClure.）

形态学鉴别特征：竿高6~15m，径4~10cm，幼竿无毛，微被白粉，绿色，老竿呈绿色或黄绿色，在10倍放大镜下可见猪皮状小凹穴或白色晶体状小点。中部节间长20~45cm，壁厚5mm。竿环在较粗大的竿中于不分枝的各节上不明显。箨环微隆起。箨鞘背面乳黄色或绿黄褐色，又多少带灰色，有绿色脉纹，无毛，微被白粉，有淡褐色或褐色略呈圆形的斑点及斑块。箨耳及鞘口繸毛俱缺。箨舌绿黄色，拱形或截形，边缘生淡绿色或白色纤毛。箨片狭三角形至带状，外翻，微皱曲，绿色，但具橘黄色边缘。末级小枝有2~5片叶。叶鞘几无毛或仅上部有细柔毛。叶耳及鞘口繸毛均发达。叶片长圆状披针形或披针形，长5.6~13cm，宽1.1~2.2cm。

生物学特性：花枝未见。笋期5月中旬。

生境特征：生于山地、灌木丛等。在三衢山喀斯特地貌中生于岩石山地、山坡、乔灌木丛等生境。

分布：原产于中国，黄河至长江流域及福建均有分布。

刚竹竿与枝叶（徐正浩摄）

山地植物群落中的刚竹植株（徐正浩摄）

刚竹茎叶（徐正浩摄）

刚竹叶（徐正浩摄）

刚竹生境植株（徐正浩摄）

刚竹乔灌木丛生境植株（徐正浩摄）

🌿 2. 毛竹 *Phyllostachys edulis* (Carrière) J. Houzeau

中文异名：南竹、猫头竹

拉丁文异名：*Phyllostachys heterocycla*（Carr.）Mitford 'Pubescens'

英文名：moso bamboo, tortoise-shell bamboo

分类地位：分类地位：植物界（Plantae）

被子植物门（Angiospermae）

单子叶植物纲（Monocotyledoneae）

鸭跖草分支（Commelinids）

禾本目（Poales）

禾本科（Poaceae）

竹亚科（Bambusoideae）

刚竹属（*Phyllostachys* Sieb. et Zucc.）

毛竹（*Phyllostachys edulis*（Carrière）J. Houzeau）

形态学鉴别特征：竿高达20m，径达20cm。幼竿密被细柔毛及厚白粉，箨环有毛，老竿无毛，并由绿色渐变为绿黄色。基部节间甚短，向上则逐节渐长，中部节间长达40cm或更长，壁厚1cm（但有变异）。竿环不明显，低于箨环或在细竿中隆起。箨鞘背面黄褐色或紫褐色，具黑褐色斑点及密生棕色刺毛。箨耳微小，繸毛发达。箨舌宽短，强隆起乃至为尖拱形，边缘具粗长纤毛。箨片较短，长三角形至披针形，有波状弯曲，绿色，初时直立，以后外翻。末级小枝具2~4片叶。叶耳不明显，鞘口繸毛存在而具脱落性。叶舌隆起。叶片较小较薄，披针形，长4~11cm，宽0.5~1.2cm，叶背沿中脉基部具柔毛，次脉3~6对，再次脉9条。花枝穗状，长5~7cm，基部托以4~6片逐渐较大的微小鳞片状苞片，有时花枝下方尚有1~3片近于正常发达的叶，此时花枝呈顶生状。佛焰苞通常在10片以

毛竹茎枝（徐正浩摄）

上，常偏于一侧，呈整齐的复瓦状排列，下部数片不孕而早落，致使花枝下部露出而类似花枝之柄，上部的边缘生纤毛及微毛，无叶耳，具易落的鞘口繸毛，缩小叶小，披针形至锥状，每片孕性佛焰苞内具1~3枚假小穗。小穗仅有1朵小花。小穗轴延伸于最上方小花的内稃之背部，呈针状，节间具短柔毛。颖1片，长15~28mm，顶端常具锥状缩小叶，有如佛焰苞，下部、上部以及边缘常生茸毛。外稃长22~24mm，上部及边缘被毛。内稃稍短于其外稃，中部以上生有茸毛。鳞被披针形，长5mm，宽1mm。花丝长4cm，花药长12mm。柱头3个，羽毛状。颖果长椭圆形，长4.5~6mm，径1.5~1.8mm，顶端有宿存的花柱基部。

毛竹灌木丛生境植株（徐正浩摄）　　　　　　毛竹山地居群（徐正浩摄）

生物学特性：笋期4月，花期5—8月。

生境特征：生于山地、阔叶林、混交林等。在三衢山喀斯特地貌中习见，生于地山坡、山地等生境。

分布：中国自秦岭、汉水流域至长江流域以南有分布。

第22章

海桐科 Pittosporaceae

海桐科（Pittosporaceae）隶属伞形目（Apiales），共9属，含200~240种。

海桐科植物为乔木、灌木或木质藤本。分布于热带、亚热带和温带地区。叶具羽脉，无托叶，叶缘光滑。雌雄异体。花基数为5。子房上位，侧膜胎座。花柱不裂，直立，柱头常裂。蒴果或浆果，花萼自果实脱落。种子被由胎盘毛的分泌液形成的厚肉包裹。

1. 海金子 *Pittosporum illicioides* Makino

中文异名：崖花海桐、崖花子

分类地位：植物界（Plantae）

    被子植物门（Angiospermae）

      双子叶植物纲（Dicotyledoneae）

        伞形目（Apiales）

          海桐科（Pittosporaceae）

            海桐属（*Pittosporum* Banks ex Sol.）

              海金子（*Pittosporum illicioides* Makino）

形态学鉴别特征：常绿灌木，植株高达5m。嫩枝无毛，老枝有皮孔。叶生于枝顶，3~8片簇生呈假轮生状，薄革质，倒卵状披针形或倒披针形，长5~10cm，宽2.5~4.5cm，先端渐尖，基部窄楔形，常向下延。叶面深绿色，干后仍发亮；叶背浅绿色，无毛。侧脉6~8对，在叶面不明显，在叶背稍凸起，网脉在叶背明显，边缘平展，或略具皱褶。叶柄长7~15mm。伞形花序顶生，有花2~10朵，花梗长1.5~3.5cm，纤细，无毛，常向下弯。苞片细小，早落。萼片卵形，长1~2mm，先端钝，无毛。花瓣长8~9mm。

海金子花期生境植株（余黎红摄）

雄蕊长6mm。子房长卵形，被糠秕或有微毛，子房柄短。侧膜胎座3个，每个胎座有胚珠5~8颗，生于子房内壁的中部。蒴果三角状圆形，长9~12mm，有纵沟3条，子房柄长1~1.5mm，3

瓣裂开，果瓣薄木质。种子8~15粒，长2~3mm，种柄短而扁平，长1~1.5mm。果梗纤细，长2~4cm，常向下弯。

生物学特性：花期4—5月，果期6—10月。

生境特征：生于山沟旁、林下岩石旁及山坡杂木林中。在三衢山喀斯特地貌中零星分布，生于岩石山地等生境。

分布：中国华东、华中、西南等地有分布。日本也有分布。

第23章

松科 Pinaceae

松科（Pinaceae）隶属松目（Pinales），具11属，含220~250种。松科植物多产于北半球，为常绿或落叶乔木。枝常为长枝，短枝明显。叶条形或针形。条形叶扁平，在长枝上螺旋状散生，在短枝上簇生。针形叶成束，常2~5个针，稀1个针，生于短枝顶端，基部叶鞘包裹。花单性，雌雄同株。雄球花腋生或单生于枝顶，或多数集生于短枝顶端，具多数螺旋状着生的雄蕊，每枚雄蕊具2个花药，花粉有气囊或无气囊，或具退化气囊。雌球花由多数螺旋状着生的珠鳞与苞鳞所组成，花期时珠鳞小于苞鳞，稀珠鳞较苞鳞大，每珠鳞的腹面具2个倒生胚珠，背面的苞鳞与珠鳞分离，仅基部合生，花后珠鳞增大发育成种鳞。球果直立或下垂，当年或次年稀第三年成熟，熟时张开。种鳞背腹面扁平，木质或革质，宿存或熟后脱落。苞鳞与种鳞离生，仅基部合生，较长而露出或不露出，或短小而位于种鳞的基部。种鳞的腹面基部有2粒种子，种子通常上端具1个膜质翅，稀无翅。胚具2~16片子叶，发芽时出土或不出土。

1. 马尾松 *Pinus massoniana* Lamb.

中文异名：青松、山松、枞松

英文名：Masson's pine, Chinese red pine, horsetail pine

分类地位：植物界（Plantae）

　　　　　　松柏门（Pinophyta）

　　　　　　　松柏纲（Pinopsida）

　　　　　　　　松目（Pinales）

　　　　　　　　　松科（Pinaceae）

　　　　　　　　　　松属（*Pinus* Linn.）

　　　　　　　　　　　马尾松（*Pinus massoniana* Lamb.）

形态学鉴别特征：常绿乔木。树皮红褐色，下部灰褐色，裂成不规则的鳞状块片。枝平展或斜展，树冠宽塔形或伞形，枝条每年生长一轮，但在广东南部则通常生长两轮，淡黄褐色，无白粉，稀有白粉，无毛。冬芽卵状圆柱形或圆柱形，褐色，顶端尖，芽鳞边缘丝状，先端尖或呈渐尖的长尖头，微反曲。高达45m，胸径1.5m。针叶2针一束，稀3针一束，长12~20cm，细柔，微扭曲，两面有气孔线，边缘有细锯齿。横切面皮下层细胞单型，第一层连续排列，第二层由个别细胞断续排列而成，树脂道4~8个，在背面边生，或腹面也有2个边生。叶鞘初呈褐色，后渐变成灰黑色，宿存。雄球花淡红褐色，圆柱形，弯垂，长1~1.5cm，聚生于新枝下部苞腋，穗状，长6~15cm。雌球花单生或2~4个聚生于新枝近顶端，淡紫红色。一年生小球果圆球形或卵圆形，径1~2cm，褐色或紫褐色，上部珠鳞的鳞脐具向上直立的短刺，下部珠鳞的鳞脐平钝无刺。球果卵圆形或圆锥状卵圆形，长4~7cm，径2.5~4cm，有短梗，下垂，成熟前绿色，熟时栗褐色，陆续脱落。中部种鳞近矩圆状倒卵形，或近长方形，长2~3cm。鳞盾菱形，微隆起或平，横脊微明显，鳞脐微凹，无刺，生于干燥环境者常具极短的刺。种子长卵圆形，长4~6mm，连翅长2~2.7cm。子叶5~8片，长1.2~2.4cm。初生叶条形，长2.5~3.6cm，叶缘具疏生刺毛状锯齿。

生物学特性：花期4—5月，球果翌年10—12月成熟。喜光、深根性树种，不耐庇荫，喜温暖湿润气候，能生于干旱、瘠薄的红壤、石砾土、

马尾松树干（徐正浩摄）

马尾松枝叶（徐正浩摄）

马尾松花序（徐正浩摄）

沙质土或岩石缝中，为荒山恢复森林的先锋树种。常组成次生纯林或与栎类、山槐、黄檀等阔叶树混生。在肥润、深厚的沙壤土上生长迅速，在钙质土上生长不良或不能生长，不耐盐碱。

生境特征：生于山地、山坡和丘陵等。在三衢山喀斯特地貌中习见，主要生于山地、山坡等生境。

分布：中国华东、华中、华南、华北、西南以及陕西等地有分布。

第24章

胡颓子科 Elaeagnaceae

胡颓子科（Elaeagnaceae）隶属蔷薇目（Rosales），具3属，含60种。

胡颓子科植物为常绿或落叶直立灌木或攀缘藤本，稀乔木，有刺或无刺，全体被银白色或褐色锈盾形鳞片或星状茸毛。单叶互生，稀对生或轮生，全缘，羽状叶脉，具柄，无托叶。花两性或单性，稀杂性。单花或数花组成叶腋生的伞形总状花序，通常整齐，白色或黄褐色，具香气，虫媒花。花萼常连合成筒，顶端4裂，稀2裂，在子房上面通常明显收缩，花蕾时镊合状排列。无花瓣。雄蕊着生于萼筒喉部或上部，与裂片互生，或着生于基部，与裂片同数或为其倍数；花丝分离，短或几无；花药内向，2室纵裂，背部着生，通常为丁字药，花粉粒钝三角形或近圆形。子房上位，包被于花萼管内，具1个心皮，1室，1颗胚珠。花柱单一，直立或弯曲。柱头棒状或偏向一边膨大。花盘通常不明显，稀为锥状。果实为瘦果或坚果，为增厚的萼管所包围，核果状，红色或黄色；味酸甜或无味，种皮骨质或膜质；无或几无胚乳，胚直立，较大，具2片肉质子叶。

1. 胡颓子 *Elaeagnus pungens* Thunb.

中文异名：羊奶子、蒲颓子、牛奶子

英文名：olive, spiny oleaster, silverthorn

分类地位：植物界（Plantae）

被子植物门（Angiospermae）

双子叶植物纲（Dicotyledoneae）

蔷薇目（Rosales）

胡颓子科（Elaeagnaceae）

胡颓子属（*Elaeagnus* Linn.）

胡颓子（*Elaeagnus pungens* Thunb.）

形态学鉴别特征：常绿直立灌木，高3~4m。具刺，刺顶生或腋生，长20~40mm，有时较短，深褐色。幼枝微扁菱形，密被锈色鳞片，老枝鳞片脱落，黑色，具光泽。叶革质，椭圆形或阔椭圆形，稀矩圆形，长5~10cm，宽1.8~5cm，两端钝形或基部圆形，边缘微反卷或皱波状，叶面幼时具银白色和少数褐色鳞片，成熟后脱落，具光泽，干燥后褐绿色或褐色，叶背密被银白色和少数褐色鳞片，侧脉7~9对，与中脉开展成50~60°的角，近边缘分叉而互

胡颓子茎叶（徐正浩摄）

胡颓子果实（徐正浩摄）

胡颓子林下植株（徐正浩摄）

胡颓子山地生境植株（徐正浩摄）

相连接，在叶面显著凸起，在叶背不甚明显，网状脉在叶面明显，在叶背不清晰。叶柄深褐色，长5~8mm。花白色或淡白色，下垂，密被鳞片，1~3朵花生于叶腋锈色短小枝上。花梗长3~5mm。萼筒圆筒形或漏斗状圆筒形，长5~7mm，在子房上骤收缩，裂片为三角形或矩圆状三角形，长3mm，顶端渐尖，内面疏生白色星状短柔毛。雄蕊的花丝极短，花药矩圆形，长1.5mm。花柱直立，无毛，上端微弯曲，超过雄蕊。果实椭圆形，长12~14mm，幼时被褐色鳞片，成熟时红色，果核内面具白色丝状棉毛。果梗长4~6mm。

生物学特性：花期9—12月，果期翌年4—6月。

生境特征：生于向阳山坡或路旁。在三衢山喀斯特地貌中习见，主要生于山坡、岩石山地、林下、灌木丛、草丛等生境。

分布：中国西南、东南、华中和华东有分布。日本也有分布。

第25章

木樨科 Oleaceae

木樨科（Oleaceae）隶属唇形目（Lamiales），具25属，含700余种。

木樨科植物为乔木或灌木，其中一些为直立或藤状灌木。花多，具香气。无托叶，单叶或羽状复叶或三出复叶。叶序特征为对生，稀互生、轮生或螺旋状排列；羽状脉，边缘全缘或具齿。常绿物种常分布于温带和热带地区，落叶种主要分布于寒冷地区。花多为两性，辐射对称，呈总状、圆锥花序，具芳香。花萼合生，萼片基部合生；花冠合生，花瓣基部合生。雄蕊群具2枚雄蕊，着生于花冠，与花瓣对生。柱头2裂。雌蕊群由1个复合雌蕊和2个心皮组成。子房上位，2室，每室常含2颗胚珠。中轴胎座。果为翅果、蒴果、核果、浆果或浆果状核果。种子具1个伸直的胚。具胚乳或无胚乳。子叶扁平。胚根向下或向上。

1. 华素馨 *Jasminum sinense* Hemsl.

中文异名：华清香藤

分类地位：植物界（Plantae）

　　　　　被子植物门（Angiospermae）

　　　　　　双子叶植物纲（Dicotyledoneae）

　　　　　　　唇形目（Lamiales）

　　　　　　　　木樨科（Oleaceae）

　　　　　　　　　素馨属（*Jasminum* Linn.）

　　　　　　　　　　华素馨（*Jasminum sinense* Hemsl.）

形态学鉴别特征：缠绕藤本，高1~8m。小枝淡褐色、褐色或紫色，圆柱形，密被锈色长柔毛。叶对生，三出复叶。叶柄长0.5~3.5cm。小叶片纸质，卵形、宽卵形或卵状披针形，稀近圆形或椭圆形，先端钝、锐尖至渐尖，基部圆形或圆楔形，叶缘反卷，两面被锈色柔毛，叶背脉上尤密，稀两面除脉上有毛外其余无毛，羽状脉，侧脉3~6对，在两面明显。顶生小叶片较大，长3~12.5cm，宽2~8cm，小叶柄长0.8~3cm。侧生小叶片长1.5~7.5cm，宽0.8~5.4cm，小叶柄短，长1~6mm。聚伞花序常呈圆锥状排列，顶生或腋生，花多数，稍密集，稀单花腋生。花梗缺或具短梗，长1~5mm。花芳香。花萼被柔毛，裂片线形或尖三角形，长0.5~5mm，在果期稍增大。花冠白色或淡黄色，高脚碟状，花冠管细长，长1.5~4cm，径1~1.5mm，裂片5枚，长圆形或披针形，长0.6~1.4cm，宽2~4mm。花柱异长。果长圆形或近球形，长

华素馨对生叶和果实（徐正浩摄）

华素馨果柄（徐正浩摄）

华素馨果枝（徐正浩摄）

华素馨幼果（徐正浩摄）

0.8~1.7cm，径6~10mm，呈黑色。

生物学特性：花期6—10月，果期9月至翌年5月。

生境特征：生于山坡、灌丛或林中。在三衢山喀斯特地貌中习见，生于岩石山地、山坡等生境。

分布：中国华东、华中、华南、西南等地有分布。

2. 清香藤 *Jasminum lanceolarium* Roxb.

中文异名：川清茉莉、光清香藤、北清香藤

分类地位：植物界（Plantae）

被子植物门（Angiospermae）

双子叶植物纲（Dicotyledoneae）

唇形目（Lamiales）

木樨科（Oleaceae）

素馨属（*Jasminum* Linn.）

清香藤（*Jasminum lanceolarium* Roxb.）

清香藤枝叶（徐正浩摄）

清香藤对生叶（徐正浩摄）

清香藤果实（徐正浩摄）

形态学鉴别特征：大型攀缘灌木，高10~15m。小枝圆柱形，稀具棱，节处稍压扁，光滑无毛或被短柔毛。叶对生或近对生，三出复叶，有时花序基部侧生小叶退化成线状而成单叶。叶柄长0.3~4.5cm，具沟，沟内常被微柔毛。叶面绿色，光亮，无毛或被短柔毛，叶背色较淡，光滑或疏被至密被柔毛，具凹陷的小斑点。小叶片椭圆形、长圆形、卵圆形、卵形或披针形，稀近圆形，长3.5~16cm，宽1~9cm，先端钝、锐尖、渐尖或尾尖，稀近圆形，基部圆形或楔形，顶生小叶柄稍长或等长于侧生小叶柄，长0.5~4.5cm。复聚伞花序常排列呈圆锥状，顶生或腋生，有花多朵，密集。苞片线形，长1~5mm。花梗短或无，在果期增粗增长，无毛或密被毛。花芳香。花萼筒状，光滑或被短柔毛，在果期增大，萼齿三角形，不明显，或几近截形。花冠白色，高脚碟状，花冠管纤细，长1.7~3.5cm，裂片4~5枚，披针形、椭圆形或长圆形，长5~10mm，宽3~7mm，先端钝或锐尖。花柱长。果球形或椭圆形，长0.6~1.8cm，径0.6~1.5cm，两心皮基部相连或仅一心皮成熟，黑色，干时呈橘黄色。

生物学特性：花期4—10月，果期6月至翌年3月。

生境特征：生于山坡、灌丛、山谷密林中。在三衢山喀斯特地貌中为优势种，生于岩石山地、山坡、草地、溪边等生境。

分布：中国长江流域以南等地有分布。印度、缅甸、越南等国也有分布。

3. 流苏树 *Chionanthus retusus* Lindl. et Paxt.

中文异名：炭栗树、晚皮树、铁黄荆、牛金茨果树、糯米花、如密花、四月雪、油公子

英文名：Chinese fringetree

分类地位：植物界（Plantae）

被子植物门（Angiospermae）

双子叶植物纲（Dicotyledoneae）

唇形目（Lamiales）

木樨科（Oleaceae）

流苏树属（*Chionanthus* Linn.）

流苏树（*Chionanthus retusus* Lindl. et Paxt.）

形态学鉴别特征：落叶灌木或乔木，高可达20m。小枝灰褐色或黑灰色，圆柱形，展开，无毛，幼枝淡黄色或褐色，疏被或密被短柔毛。叶片革质或薄革质，长圆形、椭圆形或圆形，有时卵形或倒卵形至倒卵状披针形，长3~12cm，宽2~6.5cm，先端圆钝，有时凹入或锐尖，基部圆形或宽楔形至楔形，稀浅心形，全缘或有小锯齿，叶缘稍反卷，幼时叶面沿脉被长柔毛，叶背密被或疏被长柔毛，叶缘具睫毛，老时叶面沿脉被柔毛，叶背沿脉密被长柔毛，稀被疏柔毛，其余部分疏被长柔毛或近无毛，中脉在叶面凹入，在叶背凸起，侧脉3~5对，在两面微凸起或在叶面微凹入，细脉在两面常明显微凸起。叶柄长0.5~2cm，密被黄色卷曲柔毛。聚伞状圆锥花序长3~12cm，顶生于枝端，近无毛。苞片线形，长2~10mm，疏被或密被柔毛，花长1.2~2.5cm，单性而雌雄异株或为两性花。花梗

流苏枝叶（徐正浩摄）

流苏花期植株（余黎红摄）

流苏乔木林植株（徐正浩摄）

长0.5~2cm，纤细，无毛。花萼长1~3mm，4深裂，裂片尖三角形或披针形，长0.5~2.5mm。花冠白色，4深裂，裂片线状倒披针形，长1~2.5cm，宽0.5~3.5mm，花冠管短，长1.5~4mm。雄蕊藏于管内或稍伸出，花丝长小于0.5mm，花药长卵形，长1.5~2mm，药隔突出。子房卵形，长1.5~2mm，柱头球形，稍2裂。果椭圆形，被白粉，长1~1.5cm，径6~10mm，呈蓝黑色或黑色。

生物学特性：花期3—6月，果期6—11月。

生境特征：生于稀疏混交林、灌丛、山坡或河边。在三衢山喀斯特地貌中生于岩石山地等生境。

分布：中国华东、华中、华南、华北、西南以及甘肃、陕西等地有分布。朝鲜、日本也有分布。

4. 蜡子树 *Ligustrum leucanthum* (S. Moore) P. S. Green

中文异名：水白蜡

分类地位：植物界（Plantae）

被子植物门（Angiospermae）

双子叶植物纲（Dicotyledoneae）

唇形目（Lamiales）

木樨科（Oleaceae）

女贞属（*Ligustrum* Linn.）

蜡子树（*Ligustrum leucanthum*（S. Moore）P. S. Green）

形态学鉴别特征：落叶灌木或小乔木，高1.5m。树皮灰褐色。小枝通常呈水平展开，被硬毛、柔毛、短柔毛至无毛。叶片纸质或厚纸质，椭圆形、椭圆状长圆形至狭披针形、宽披针形，或为椭圆状卵形，大小较不一致，小的长2.5~6cm，宽1.5~2.5cm，大的长6~10cm，宽2.5~4.5cm，先端锐尖、短渐尖而具微凸头，或钝，基部楔形、宽楔形至近圆形，叶面疏被短柔毛至无毛，或仅沿中脉被短柔毛，叶背疏被柔毛或硬毛至无毛，常沿中脉被硬毛或柔毛，侧脉4~9对，在叶背略凸起，近叶缘处不明显网结。

蜡子树茎叶（徐正浩摄）

叶柄长1~3mm，被硬毛、柔毛或无毛。圆锥花序着生于小枝顶端，长1.5~4cm，宽1.5~2.5cm。花序轴被硬毛、柔毛、短柔毛至无毛。花梗长0~2mm，被微柔毛或无毛。花萼被微柔毛或无毛，长1.5~2mm，截形或萼齿呈宽三角形，先端尖或钝。花冠管长4~7mm，裂片卵形，长

蜡子树花（徐正浩摄）

蜡子树果实（徐正浩摄）

2~4mm，稀具睫毛，近直立。花药宽披针形，长3mm，达花冠裂片1/2~2/3处。果近球形至宽长圆形，长0.5~1cm，径5~8mm，呈蓝黑色。

生物学特性：花期6—7月，果期8—11月。

生境特征：生于山坡林下、路边、山谷丛林中、荒地、溪沟边或林边。在三衢山喀斯特地貌中零星分布，主要生于岩石山地等生境。

分布：中国华东、华中、西南以及陕西南部、甘肃南部等地有分布。

5. 女贞 *Ligustrum lucidum* W. T. Aiton

中文异名：女桢、桢木、将军树

英文名：broad-leaf privet, Chinese privet, glossy privet, tree privet, wax-leaf privet

分类地位：植物界（Plantae）

　　　　　　被子植物门（Angiospermae）

　　　　　　双子叶植物纲（Dicotyledoneae）

　　　　　　唇形目（Lamiales）

　　　　　　木樨科（Oleaceae）

　　　　　　女贞属（*Ligustrum* Linn.）

　　　　　　女贞（*Ligustrum lucidum* W. T. Aiton）

形态学鉴别特征：常绿大灌木或乔木。树皮灰褐色。枝黄褐色、灰色或紫红色，圆柱形，疏生圆形或长圆形皮孔。植株高可达25m。叶革质，卵形、长卵形或椭圆形至宽椭圆形，长6~17cm，宽3~8cm，先端锐尖至渐尖或钝，基部圆形或近圆形，有时宽楔形或渐狭，叶缘平坦。叶面光亮，两面无毛，中脉在叶面凹入，在叶背凸起，侧脉4~9对，在两面稍凸起或有时不明显。叶柄长1~3cm，上面具沟，无毛。圆锥花序顶生，长8~20cm，宽8~25cm。花序梗长0~3cm。花序轴及分枝轴无毛，紫色或黄棕色，果实具棱。花序基部苞片常与叶同形，小苞片披针形或线形，长0.5~6cm，宽0.2~1.5cm，老时凋落。花无梗或近无梗，长不超过1mm。花萼无毛，长1.5~2mm，齿不明显或近截形。花冠长4~5mm，花冠管长1.5~3mm，裂片长2~2.5mm，反折。花丝长1.5~3mm。花药长圆形，长1~1.5mm。花柱长1.5~2mm，柱头棒状。果实肾形或近肾形，长7~10mm，径4~6mm，深蓝黑色，成熟时呈红黑色，被白粉。果梗长0~5mm。

生物学特性：花期5—7月，果期7月至翌年5月。三衢山喀斯特地貌中为优势种，生于山坡、路边、岩石山地、溪边、林下、乔灌木丛等生境。

分布：中国长江以南至华南、西南，向西北至陕西、甘肃有分布。朝鲜也有分布。

女贞树干（徐正浩摄）

女贞对生叶（徐正浩摄）

女贞叶序（徐正浩摄）

女贞花序（徐正浩摄）

女贞苗（徐正浩摄）

女贞果期生境植株（徐正浩摄）

女贞乔木林山地生境植株（徐正浩摄）

6. 小叶女贞 *Ligustrum quihoui* Carr.

分类地位：植物界（Plantae）

被子植物门（Angiospermae）

双子叶植物纲（Dicotyledoneae）

唇形目（Lamiales）

木樨科（Oleaceae）

女贞属（*Ligustrum* Linn.）

小叶女贞（*Ligustrum quihoui* Carr.）

形态学鉴别特征：半常绿和常绿灌木。小枝淡棕色，圆柱形，密被微柔毛，后脱落。植株高1~3m。叶薄革质，形状和大小相互之间变异较大，披针形、长圆状椭圆形、椭圆形、倒卵状长圆形1倒披针形或倒卵形，长1~5.5cm，宽0.5~3cm，先端锐尖、钝或微凹，基部狭楔形至楔形，叶缘反卷。叶面深绿色，叶背淡绿色，常具腺点，两面无毛，稀沿中脉被微柔毛。中脉在叶面凹入，在叶背凸起；侧脉2~6对，不明显，在叶面微凹入，在叶背略凸起，近叶缘

小叶女贞叶（徐正浩摄）

小叶女贞果实（徐正浩摄）

处网结不明显。叶柄长0~5mm，无毛或被微柔毛。圆锥花序顶生，近圆柱形，长4~20cm，宽2~4cm，分枝处常有1对叶状苞片。小苞片卵形，具睫毛。花萼无毛，长1.5~2mm，萼齿宽卵形或钝三角形。花冠长4~5mm，花冠管长2.5~3mm，裂片卵形或椭圆形，长1.5~3mm，先端钝。雄蕊伸出裂片外，花丝与花冠裂片近等长或稍长。果倒卵形、宽椭圆形或近球形，长5~9mm，径4~7mm，呈紫黑色。

生物学特性：花期5—7月，果期8—11月。

生境特征：在三衢山喀斯特地貌中习见，主要生于林下、灌木丛、草地、山坡、岩石山地、溪边等生境。

分布：中国华东、华中、西南等地有分布。朝鲜也有分布。

7. 小蜡 *Ligustrum sinense* Lour.

中文异名：山紫甲树、水黄杨

英文名：Chinese privet

分类地位：植物界（Plantae）

　　　　被子植物门（Angiospermae）

　　　　　双子叶植物纲（Dicotyledoneae）

　　　　　　唇形目（Lamiales）

　　　　　　　木樨科（Oleaceae）

　　　　　　　　女贞属（*Ligustrum* Linn.）

　　　　　　　　　小蜡（*Ligustrum sinense* Lour.）

形态学鉴别特征：落叶灌木或小乔木。根系发达。小枝灰色，开展，密被黄色短柔毛。植株高2~7m。叶薄革质，单叶对生，椭圆形至椭圆状长圆形，长3~5cm，宽1~2cm，先端急尖或钝，常微凹，基部圆形或宽楔形，全缘，稍背卷。叶面深绿色，无毛，叶背仅中脉上有短柔毛，中脉在叶面凹下，在叶背凸起。侧脉5~8条，近叶缘处网结。叶柄长2~6mm，被短柔毛或无毛。圆锥花序疏松，顶生，长6~10cm，有短柔毛。花梗细，长2~4mm，近无毛。花萼钟形，长1mm，顶端近截形，被柔毛或无毛。花冠白色，花冠筒长1~2mm，顶端4裂，裂片长圆形或长圆状卵形，长2~3mm，宽1.5mm，先端急尖或钝。雄蕊2枚，伸出花冠外。花药长3~4mm，檐部4裂，裂片长圆形，略长于冠筒。柱头线形，近头状。浆果状核果近球形，径3~4mm，熟时黑色，果梗长2~5mm。

小蜡枝叶（徐正浩摄）

生物学特性：花期7月，果期9—10月。

小蜡对生叶（徐正浩摄）

小蜡花（徐正浩摄）

小蜡果期植株（徐正浩摄）

小蜡生境植株（徐正浩摄）

　　生境特征：在三衢山喀斯特地貌中习见，主要生于山地、草地、山坡、灌木丛、林下、溪边等生境。

　　分布：中国华东、华中、华南、西南等地有分布。越南也有分布。

第26章

山矾科 Symplocaceae

APG分类系统中，山矾科（Symplocaceae）隶属杜鹃花目（Ericales），具2属，即山矾属（*Symplocos* Jacq.）和革瓣山矾属（*Cordyloblaste* Hensch. ex Moritzi），含260种。山矾科跨太平洋分布，主要分布于美国东南部、南美洲、东南亚和欧洲北部。

山矾科植物主要为乔木或灌木，常生于热带山地森林等区块。单叶轮生或呈螺旋状排列，具锯齿、腺质锯齿或全缘。无托叶。花腋生，有时顶生。花序穗状或总状，紧凑聚伞花序或密穗圆锥花序。萼片3~5片，花瓣3片、5片或11片。花瓣白色，稀黄色。果实为核果。内果皮木质或"石质"。内果皮顶部开放，具1~5室，常为3室，每室内含1粒种子。多数内果皮表面具脊，基部凹陷。

1. 华山矾 *Symplocos paniculata* (Thunberg) Miquel

中文异名：土常山

分类地位：植物界（Plantae）

　　　　　被子植物门（Angiospermae）

　　　　　双子叶植物纲（Dicotyledoneae）

　　　　　杜鹃花目（Ericales）

　　　　　山矾科（Symplocaceae）

　　　　　山矾属（*Symplocos* Jacq.）

　　　　　华山矾（*Symplocos paniculata*（Thunberg）Miquel）

形态学鉴别特征：灌木。嫩枝、叶柄、叶背均被灰黄色皱曲柔毛。叶纸质，椭圆形或倒卵形，长4~10cm，宽2~5cm，先端急尖或短尖，有时圆，基部楔形或圆形，边缘有细尖锯齿，叶面有短柔毛。中脉在叶面凹下，侧脉每边4~7条。圆锥花序顶生或腋生，长4~7cm，花序轴、苞片、萼外面均密被灰黄色皱曲柔毛。苞片早落。花萼长2~3mm。裂片长圆形，长于萼筒。花冠白色，芳香，长4mm，5深裂几达基部。雄蕊50~60枚，花丝基部合生成五体雄蕊。花盘具5个凸起的腺点，无毛。子房2室。核果卵状圆球形，歪斜，长5~7mm，被紧贴的柔毛，熟时蓝色，顶端宿萼裂片向内伏。

生物学特性：花期4—5月，果期8—9月。

生境特征：生于丘陵、山坡、杂林等。在三衢山喀斯特地貌中主要生于岩石山地、灌木丛

华山矾叶（徐正浩摄）

华山矾花序（徐正浩摄）

华山矾岩石生境植株（徐正浩摄）

华山矾山地生境植株（徐正浩摄）

等生境，数量不多。

分布：中国华东、华中、华南、西南等地有分布。

2. 山矾　*Symplocos sumuntia* Buch.-Ham.

分类地位：植物界（Plantae）

被子植物门（Angiospermae）

双子叶植物纲（Dicotyledoneae）

杜鹃花目（Ericales）

山矾科（Symplocaceae）

山矾属（*Symplocos* Jacq.）

山矾（*Symplocos sumuntia* Buch.-Ham.）

形态学鉴别特征：乔木，嫩枝褐色。叶薄革质，卵形、狭倒卵形、倒披针状椭圆形，长3.5~8cm，宽1.5~3cm，先端常呈尾状渐尖，基部楔形或圆形，边缘具浅锯齿或波状齿，有时近全缘。中脉在叶面凹下，侧脉和网脉在两面均凸起，侧脉每边4~6条。叶柄长0.5~1cm。总状花序长2.5~4cm，被展开的柔毛。苞片早落，阔卵形至倒卵形，长1mm，密被柔毛，小苞片与苞片同形。花萼长2~2.5mm，萼筒倒圆锥形，无毛，裂片三角状卵形，与萼筒等长或稍短于萼筒，背面有微柔毛。花冠白色，5深裂几达基部，长4~4.5mm，裂片背面有微柔毛。雄蕊25~35枚，花丝基部稍合生。花盘环状，无毛。子房3室。核果卵状坛形，长7~10mm，外果皮薄而脆，顶端宿萼裂片直立，有时脱落。

山矾枝叶（徐正浩摄）

生物学特性：花期2—3月，果期6—7月。

生境特征：生于林地、林缘、山地等。在三衢山喀斯特地貌中习见，主要生于灌木丛、岩石山地、山坡等生境。

分布：中国西南、华中等地有分布。南亚、东南亚等地也有分布。

山矾叶（徐正浩摄）

山矾果实（徐正浩摄）

第27章

漆树科 Anacardiaceae

APG分类系统中，漆树科（Anacardiaceae）隶属无患子目（Sapindales），具83属，含860种。果实为核果，会产生漆酚，为一种刺激性物质。漆树科常为乔木或灌木，花不显，具毒性，有时为恶臭的树脂或乳汁。树脂道位于纤维状树皮、根、叶内，为漆树科的重要特征。单宁囊在漆树科中也普遍存在。

漆树科植物为落叶或常绿树种。叶轮生，稀对生。无托叶。常为奇数羽状复叶，小叶对生。叶形变化大。一级脉羽状；二级脉具真曲形、弓形、直行或分枝状。二级分枝状脉是漆树科的重要特征之一。花顶生或腋生，具苞片。一些植株中生有两性花和雄花，而另一些植物中生有两性花和雌花，或有完全花。萼片和花瓣同数，3~7片，有时无花瓣。雄蕊与花瓣同数或为其2倍，着生于花盘边缘或杯状花盘上，或着生于雌蕊下。花丝分离，花药可移动。子房分离。花瓣和雄蕊高于花萼。雄花中，子房1室。雌花中，子房1室，有时4室或5室。花柱1~3个。子房每室1颗胚珠。果实为核果，成熟时不裂。种子单粒，胚无胚乳包裹。种衣薄或壳状。胚乳少或缺，子叶肉质。

1. 黄连木 *Pistacia chinensis* Bunge

中文异名：黄连茶、黄连树、木黄连
英文名：Chinese pistache
分类地位：植物界（Plantae）
  被子植物门（Angiospermae）
   双子叶植物纲（Dicotyledoneae）
    无患子目（Sapindales）
     漆树科（Anacardiaceae）
      黄连木属（*Pistacia* Linn.）
       黄连木（*Pistacia chinensis* Bunge）

形态学鉴别特征：落叶乔木。高达20余米。树干扭曲。树皮暗褐色，呈鳞片状剥落，幼枝灰棕色，具细小皮孔，疏被微柔毛或近无毛。奇数羽状复叶互生，有小叶5~6对。叶轴具条纹，被微柔毛。叶柄上面平，被微柔毛。小叶对生或近对生，纸质，披针形、卵状披针形或线状披针形，长5~10cm，宽1.5~2.5cm，先端渐尖或长渐尖，基部偏斜，全缘，两面沿中脉和侧

黄连木树干（徐正浩摄）

黄连木树梢（徐正浩摄）

黄连木山地生境植株（徐正浩摄）

黄连木乔灌木丛生境植株（徐正浩摄）

脉被卷曲微柔毛或近无毛，侧脉和细脉在两面凸起。小叶柄长1~2mm。花单性异株，先花后叶，圆锥花序腋生，雄花序排列紧密，长6~7cm，雌花序排列疏松，长15~20cm，均被微柔毛。花小，花梗长1mm，被微柔毛。苞片披针形或狭披针形，内凹，长1.5~2mm，外面被微柔毛，边缘具睫毛。雄花：花被片2~4片，披针形或线状披针形，大小不等，长1~1.5mm，边缘具睫毛；雄蕊3~5枚，花丝极短，长不到0.5mm；花药长圆形，大，长2mm；雌蕊缺。雌花：花被片7~9片，大小不等，长0.7~1.5mm，宽0.5~0.7mm，外面2~4片较狭，披针形或线状披针形，外面被柔毛，边缘具睫毛，里面5片卵形或长圆形，外面无毛，边缘具睫毛；不育，雄蕊缺；子房球形，无毛，径0.5mm，花柱极短，柱头3个，厚，肉质，红色。核果倒卵状球形，略压扁，径5mm，成熟时紫红色，干后具纵向细条纹，先端细尖。

生物学特性：花期7—8月，果期9—10月。

生境特征：生于石山林中。在三衢山喀斯特地貌中习见，主要生于乔灌木林、山坡、山地、路边等生境。

分布：中国西南、华南、东南、华中、华北、华东等地有分布。

2. 盐肤木 *Rhus chinensis* Mill.

中文异名：盐肤子、肤杨树

英文名：Chinese sumac, nutgall tree

分类地位：植物界（Plantae）

被子植物门（Angiospermae）

双子叶植物纲（Dicotyledoneae）

无患子目（Sapindales）

漆树科（Anacardiaceae）

盐肤木属（*Rhus*（Tourn.）Linn. emend. Moench）

盐肤木（*Rhus chinensis* Mill.）

形态学鉴别特征：落叶小乔木或灌木，高2~10m。小枝棕褐色，被锈色柔毛，具圆形小皮孔。奇数羽状复叶有小叶2~6对，叶轴具宽的叶状翅，小叶自下而上逐渐增大，叶轴和叶柄密被锈色柔毛。小叶多形，卵形、椭圆状卵形或长圆形，长6~12cm，宽3~7cm，先端急尖，基部圆形，顶生小叶基部楔形，边缘具粗锯齿或圆齿，叶面暗绿色，叶背粉绿色，被白粉，叶面沿中脉疏被柔毛或近无毛，叶背被锈色柔毛，脉上较密，侧脉和细脉在叶面凹陷，在叶背凸起。小叶无柄。圆锥花序宽大，多分枝，雄花序长30~40cm，雌花序较短，密被锈色柔毛。苞片披针形，长1mm，被微柔毛，小苞片极小。花白色，花梗长1mm，被微柔毛。雄花：花萼外面被微柔毛，裂片长卵形，长1mm，边缘具细

盐肤木树干（徐正浩摄）

盐肤木花（徐正浩摄）

盐肤木花序（徐正浩摄）

盐肤木果实（徐正浩摄）

盐肤木苗（徐正浩摄）

盐肤木初花期植株（徐正浩摄）

盐肤木灌丛生境植株（徐正浩摄）

盐肤木果期山甸生境植株（徐正浩摄）

盐肤木山地生境植株（徐正浩摄）

睫毛。花瓣倒卵状长圆形，长2mm，开花时外卷；雄蕊伸出，花丝线形，长2mm，无毛，花药卵形，长0.7mm；子房不育。雌花：花萼裂片较短，长0.6mm，外面被微柔毛，边缘具细睫毛；花瓣椭圆状卵形，长1.6mm，边缘具细睫毛，里面下部被柔毛；雄蕊极短；花盘无毛；子房卵形，长1mm，密被白色微柔毛，花柱3个，柱头头状。核果球形，略压扁，径4~5mm，被具节柔毛和腺毛，成熟时红色。果核径3~4mm。

生物学特性：花期8—9月，果期10月。

生境特征：生于向阳山坡、沟谷、溪边的疏林或灌丛中。在三衢山喀斯特地貌中为优势种，生于岩石山地、坡地、草地、山甸、路边、林缘、乔灌木丛、灌草丛、溪边等生境。

分布：中国除东北以外大部分地区有分布。南亚、东南亚等地也有分布。

第28章

大麻科 Cannabaceae

APG植株分类系统中，大麻科（Cannabaceae）隶属蔷薇目（Rosales），具11属，含170余种，而朴属（*Celtis* Linn.）为其中最大的属，含100种。

大麻科的物种含树木，如朴属；也含直立草本，如大麻属（*Cannabis* Linn.）；还含缠绕草本，如葎草属（*Humulus* Linn.）。

叶片掌状分裂或为掌状复叶。具托叶。具钟乳体，常含乳汁，一些种具乳汁管。常为雌雄异株。花辐射对称，不显，为风媒花，常形成聚伞花序。花萼常较短，无花冠。雌雄异株植株的雄花序长，呈圆锥花序，而雌花序较短，花少。雌蕊具2个合生心皮。子房上位，1室。雄蕊数目不等。果实为瘦果或核果。

1. 朴树 *Celtis sinensis* Pers.

中文异名：黄果朴、紫荆朴、小叶朴

拉丁文异名：*Celtis tetrandra* Roxb. ssp. *sinensis*（Pers.）Y. C. Tang

英文名：Chinese hackberry

分类地位：植物界（Plantae）

被子植物门（Angiospermae）

双子叶植物纲（Dicotyledoneae）

蔷薇目（Rosales）

大麻科（Cannabaceae）

朴属（*Celtis* Linn.）

朴树（*Celtis sinensis* Pers.）

形态学鉴别特征：多年生落叶乔木。高达30m，树皮灰白色。当年生小枝幼时密被黄褐色短柔毛，老后毛常脱落，去年生小枝褐色至深褐色，有时还可残留柔毛。冬芽棕色，鳞片无毛。叶厚纸质至近革质，朴树的叶多为卵形或卵状椭圆形，基部几乎不偏斜或稍偏斜，先端尖至渐尖，密生黄褐色短柔毛，老时脱净或残存，变异也较大。果梗常2~3个（少有单生）生于叶腋，其中一个果梗（实为总梗）常有2个果（少有多至具4个果），其他的具1个果，无毛或被短柔毛，较小，一般径5~7mm，很少有达8mm的。种子充满核内。

生物学特性：花期3—4月，果期9—10月。

朴树树干（徐正浩摄）

朴树果实（徐正浩摄）

朴树果梗（徐正浩摄）

朴树果期植株（徐正浩摄）

朴树山地生境植株（徐正浩摄）

朴树石林生境乔灌木丛植株（徐正浩摄）

　　生境特征：多生于路旁、山坡、林缘。三衢山喀斯特地貌中分布最广的物种之一，生于岩石山地、坡地、乔木林、乔灌木丛、灌木丛、草丛、山甸、路边、溪边等生境。

　　分布：中国华南、华中和华东等地有分布。东南亚等地也有分布。

🌿 2. 珊瑚朴 *Celtis julianae* Schneid.

分类地位：植物界（Plantae）

被子植物门（Angiospermae）

双子叶植物纲（Dicotyledoneae）

蔷薇目（Rosales）

大麻科（Cannabaceae）

朴属（*Celtis* Linn.）

珊瑚朴（*Celtis julianae* Schneid.）

形态学鉴别特征：落叶乔木，高达30m。树皮淡灰色至深灰色。当年生小枝、叶柄、果柄老后深褐色，密生褐黄色茸毛。去年生小枝色更深，毛常脱净，毛孔不十分明显。冬芽褐棕色，内鳞片有红棕柔毛。叶厚纸质，宽卵形至尖卵状椭圆形，长6~12cm，宽3.5~8cm，基部近圆形或两侧稍不对称，一侧圆形，另一侧宽楔形，先端具突然收缩的短渐尖至尾尖，叶面粗糙至稍粗糙，叶背密生短柔毛，近全缘至上部以上具浅钝齿。叶柄长7~15mm，较粗壮。萌发枝上的叶面具短糙毛，叶背在短柔毛中也夹有短糙毛。果单生于叶腋，果梗粗壮，长1~3cm，果椭圆形至近球形，长10~12mm，金黄色至橙黄色。核乳白色，倒卵形至倒宽卵形，长7~9mm，上部有两条较明显的肋，两侧或仅下部稍压扁，基部尖至略钝，表面略有网孔状凹陷。

生物学特性：花期3—4月，果期9—10月。

生境特征：多生于山坡、山谷林中或林缘。在三衢山喀斯特地貌中生于岩石山地、坡地、乔木林、乔灌木丛、山甸、路边等生境。

分布：中国华东、华中、华南、西南以及陕西南部等地有分布。

珊瑚朴枝叶（徐正浩摄）

珊瑚朴叶（徐正浩摄）

珊瑚朴果实（徐正浩摄）

第29章

榆科 Ulmaceae

榆科（Ulmaceae）包括榆属和榉属，其中的一些植物遍布北温带地区。以往，榆科包括朴属植物（*Celtis* Linn.），但APG分类系统将朴属置于亲缘关系更近的大麻科（Cannabaceae）。榆科隶属蔷薇目（Rosales），具7属，含45种，一些分类将多蕊朴属（*Ampelocera* Klotzsch）也列入其中。

榆科植物为常绿或落叶乔木，或灌木，而叶片和树皮组织含黏液物质。叶茎上互生，单叶，边缘全缘或具锯齿，基部常不对称。花小，两性花或单性花。果实为不开裂翼果、坚果或核果。

1. 榔榆 *Ulmus parvifolia* Jacq.

中文异名：小叶榆、秋榆、掉皮榆、豺皮榆、挠皮榆

英文名：Chinese elm, lacebark elm

分类地位：植物界（Plantae）

　　　　　　被子植物门（Angiospermae）

　　　　　　双子叶植物纲（Dicotyledoneae）

　　　　　　蔷薇目（Rosales）

　　　　　　榆科（Ulmaceae）

　　　　　　榆属（*Ulmus* Linn.）

　　　　　　榔榆（*Ulmus parvifolia* Jacq.）

形态学鉴别特征：落叶乔木，或冬季叶变为黄色或红色宿存至第二年新叶长出后脱落，高达25m，胸径可达1m。树冠广圆形，树干基部有时成板状根，树皮灰色或灰褐，裂成不规则鳞状薄片剥落，露出红褐色内皮，近平滑，微凹凸不平。当年生枝密被短柔毛，深褐色。冬芽卵圆形，红褐色，无毛。叶质地厚，披针状卵形或窄椭圆形，稀卵形或倒卵形，中脉两侧长宽不等，长1.7~8cm，宽0.8~3cm，先端尖或钝，基部偏斜，楔形或一边圆，叶面深绿色，有光泽，除中脉凹陷处有疏柔毛外，余处无毛，侧脉不凹陷，叶背色较浅，幼时被短柔毛，后变无毛或沿脉有疏毛，或脉腋有簇生毛，边缘从基部至先端有钝而整齐的单锯齿，稀重锯齿（如萌发枝的叶），侧脉每边10~15条，细脉在两面均明显，叶柄长2~6mm，仅上面有毛。花秋季开放，3~6朵在叶腋簇生或排成簇状聚伞花序，花被上部杯状，下部管状，花被片4片，深裂至杯状花

被的基部或近基部，花梗极短，被疏毛。翅果椭圆形
或卵状椭圆形，长10~13mm，宽6~8mm，除顶端缺
口柱头面被毛外，余处无毛，果翅稍厚，基部的柄长
2mm，两侧的翅较果核部分窄，果核部分位于翅果的
中上部，上端接近缺口，花被片脱落或残存，果梗较
管状花被为短，长1~3mm，有疏生短毛。种子扁或微
凸，种皮薄，无胚乳，胚直立，子叶扁平或微凸。

生物学特性：花果期8—10月。喜光，耐干旱，在
酸性、中性及碱性土中均能生长。

生境特征：生于平原、丘陵、山坡及谷地。在三
衢山喀斯特地貌中习见，生于岩石山地、山坡、乔木
林、灌木丛、草地、山甸、路边、溪边等生境。

分布：原产于亚洲东部。中国华南、东南、华中、
华北和华东有分布。印度、日本、朝鲜和越南也有分布。

椰榆树干（徐正浩摄）

椰榆花（徐正浩摄）

椰榆果实（徐正浩摄）

椰榆果枝（徐正浩摄）

椰榆果期植株（徐正浩摄）

第30章

棟科 Meliaceae

棟科（Meliaceae）隶属无患子目（Sapindales），具53属，含约600种，世界范围内广布。具2个亚科，即棟亚科（Melioideae）和洋椿亚科（Cedreloideae）。棟科植物绝大多数为乔木或灌木，少数为草本植物和红树林植物。多数为常绿植物，少数为落叶植物。叶互生，羽状复叶。无托叶。合心皮。花常为两性，呈圆锥状，聚伞状，穗状或簇生状。

1. 棟 *Melia azedarach* Linn.

中文异名：苦棟树、苦棟
英文名：Chinaberry tree, bead tree, Indian lilac
分类地位：植物界（Plantae）
　　　　　被子植物门（Angiospermae）
　　　　　双子叶植物纲（Dicotyledoneae）
　　　　　无患子目（Sapindales）
　　　　　棟科（Meliaceae）
　　　　　棟属（*Melia* Linn.）
　　　　　棟（*Melia azedarach* Linn.）

形态学鉴别特征：落叶乔木。高达10余米。树皮灰褐色，纵裂。分枝广展，小枝有叶痕。叶为2~3回奇数羽状复叶，长20~40cm。小叶对生，卵形、椭圆形至披针形，顶生1片通常略大，长3~7cm，宽2~3cm，先端短渐尖，基部楔形或宽楔形，多少偏斜，边缘有钝锯齿，幼时被星状毛，后两面均无毛，侧脉每边12~16条，广展，向上斜举。圆锥花序与叶等长，无毛或幼时被鳞片状短柔毛。花芳香。花萼5深裂，裂片卵形或长圆状卵形，先端急尖，外面被微柔毛。花瓣淡紫色，倒卵状匙形，长1cm，两面均被微柔毛，通常外面较密。雄蕊管紫色，无毛或近无毛，长7~8mm，有纵细脉，管口有钻形、2~3齿裂的狭裂片10片。花药10个，着生于裂片内侧，且与裂片互生，长椭圆形，顶端微凸尖。子房近球形，5~6室，无毛，每室有胚珠2颗。花柱细长。柱头头状，顶端具5个齿，不伸出雄蕊管。核果球形至椭圆形，长1~2cm，宽8~15mm。内果皮木质，4~5室，每室有种子1粒。种子椭圆形。

生物学特性：花期4—5月，果期10—12月。

生境特征：生于旷野、路旁或疏林中。在三衢山喀斯特地貌中习见，生于岩石山地、山

棟羽状复叶（徐正浩摄）

棟花序（徐正浩摄）

棟花期植株（徐正浩摄）

棟果期植株（徐正浩摄）

棟岩石山地生境植株（徐正浩摄）

棟乔木林生境植株（徐正浩摄）

坡、山甸、乔木林、灌木丛、路边等生境。

　　分布：中国黄河以南各地有分布。广布于亚洲热带和亚热带地区。

第31章

山茶科 Theaceae

　　山茶科（Theaceae）隶属杜鹃花目（Ericales），具7~40属，为灌木或乔木。厚皮香科（Ternstroemiaceae）曾归入山茶科，但APG Ⅲ 系统（2009）将其纳入五列木科（Pentaphylacaceae）。

　　山茶科植物常为单叶，螺旋互生至2列，具锯齿，常有光泽。多为常绿，但紫茎属（*Stewartia* Linn.）和洋木荷属（*Franklinia* W. Bartram ex Marshall）为落叶种。花香，大而鲜艳，常为粉红色或白色。花萼萼片5片或更多，果期宿存。花冠5基数，稀更多。雄蕊20~100枚或更多，分离或在花冠基部合生。子房具毛。花柱细，分叉或开裂。心皮与花瓣对生。蒴果室背开裂，果实不开裂，浆果状或有时梨状。种子少，具翅，或在一些属中由肉质组织包裹，或无翅，裸状。

1. 木荷　*Schima superba* Gardn. et Champ.

　　中文异名：荷树、荷木

　　分类地位：植物界（Plantae）

　　　　　　　　被子植物门（Angiospermae）

　　　　　　　　　双子叶植物纲（Dicotyledoneae）

　　　　　　　　　　杜鹃花目（Ericales）

　　　　　　　　　　　山茶科（Theaceae）

　　　　　　　　　　　　木荷属（*Schima* Reinw. ex Blume）

　　　　　　　　　　　　　木荷（*Schima superba* Gardn. et Champ.）

　　形态学鉴别特征：大乔木。嫩枝通常无毛。植株高达25m。叶革质或薄革质，椭圆形，长7~12cm，宽4~6.5cm，先端尖锐，有时略钝，基部楔形。叶面干后发亮，叶背无毛，侧脉7~9对，在两面明显。边缘有钝齿。叶柄长1~2cm。花生于枝顶叶腋，常多朵排成总状花序，径2.5~3cm，白色。花柄长1~2.5cm，纤细，无毛。苞片2片，贴近萼片，长4~6mm，早落。萼片半圆形，长2~3mm，外面无毛，内面有绢毛。花瓣长1~1.5cm，最外1片风帽状，边缘多少有毛。子房有毛。蒴果径1.5~2cm。

　　生物学特性：花期6—8月。

　　生境特征：生于山地、乔木林、灌木丛等。在三衢山喀斯特地貌中少见，生于岩石山地、

木荷树干（徐正浩摄）

木荷叶（徐正浩摄）

木荷叶序（徐正浩摄）

木荷果期植株（徐正浩摄）

木荷石林生境植株（徐正浩摄）

路边等生境。

分布：中国华东、华中、华南、西南等地有分布。

第32章

木通科 Lardizabalaceae

APG分类系统中，木通科（Lardizabalaceae）隶属毛茛目（Ranunculales），具7属，含40余种。除猫儿屎属（*Decaisnea* Hook. f. et Thoms.）为直立灌木外，其余为木质藤本，木质藤本攀缘或缠绕生长。猫儿屎属为羽状复叶，其他属常为掌状复叶或三出复叶。叶互生，无托叶。雌雄同株或异株。花单性，稀杂性，辐射对称，常呈下垂的总状花序。花6基数，有时花瓣缺如。雌花中6枚雄蕊退化，心皮3个，柱头明显，几无花柱，胚珠多颗或1颗，倒生或直生。肉质蓇葖果或浆果，不开裂或沿向轴的腹缝开裂，种子多粒或1粒。种子卵形或肾形，富胚乳，胚小。酒杯藤属（*Lardizabala* Ruiz ex Pav.）产于智利，避役藤属（*Boquila* Decne.）产于智利和与之接壤的阿根廷西部，其余属均产于亚洲东部。

1. 木通 *Akebia quinata* (Houtt.) Decne.

中文异名：山通草、野木瓜、附通子

英文名：chocolate vine, five-leaf chocolate vine, five-leaf akebia

分类地位：植物界（Plantae）

　　　　　　被子植物门（Angiospermae）

　　　　　　双子叶植物纲（Dicotyledoneae）

　　　　　　毛茛目（Ranunculales）

　　　　　　木通科（Lardizabalaceae）

　　　　　　木通属（*Akebia* Decne.）

　　　　　　木通（*Akebia quinata*（Houtt.）Decne.）

形态学鉴别特征：落叶木质藤本。茎纤细，圆柱形，缠绕。茎皮灰褐色，有圆形、小而凸起的皮孔。芽鳞片覆瓦状排列，淡红褐色。掌状复叶互生或在短枝上簇生，通常有小叶5片，偶有3~4片或6~7片。叶柄纤细，长4.5~10cm。小叶纸质，倒卵形或倒卵状椭圆形，长2~5cm，宽1.5~2.5cm，先端圆或凹入，具小凸尖，基部圆或阔楔形，叶面深绿色，叶背青白色。中脉在叶面凹入，在叶背凸起，侧脉每边5~7条，与网脉均在两面凸起。小叶柄纤细，大多长8~10mm，中间1片长可达18mm。总状花序腋生，长6~12cm，疏花，基部有雌花1~2朵，基部以上4~10朵为雄花。总花梗长2~5cm，着生于缩短的侧枝上，基部为芽鳞片所包托。花略芳香。雄花：花梗纤细，长7~10mm；萼片通常3片，有时4片或5片，淡紫色，偶有淡绿色

木通茎叶（徐正浩摄）

木通岩石生境植株（徐正浩摄）

或白色，兜状阔卵形，顶端圆形，长6~8mm，宽4~6mm；雄蕊6~7枚，离生，初时直立，后内弯，花丝极短，花药长圆形，钝头；退化心皮3~6片，小。雌花：花梗细长，长2~5cm；萼片暗紫色，偶有绿色或白色，阔椭圆形至近圆形，长1~2cm，宽8~15mm；心皮3~9片，离生，圆柱形，柱头盾状，顶生；退化雄蕊6~9枚。果孪生或单生，长圆形或椭圆形，长5~8cm，径3~4cm，成熟时紫色，腹缝开裂。种子多数，卵状长圆形，略扁平，不规则地多行排列，着生于白色、多汁的果肉中，种皮褐色或黑色，有光泽。

生物学特性：花期4—5月，果期6—8月。

生境特征：生于山地灌木丛、林缘和沟谷中。在三衢山喀斯特地貌中习见，生于林下、灌木丛、岩石山地、草丛等。

分布：中国长江流域各地有分布。日本和朝鲜也有分布。

第33章

忍冬科 Caprifoliaceae

忍冬科（Caprifoliaceae）隶属川续断目（Dipsacales），具42属，含860余种。世界范围内广布，主要分布在亚洲和北美东部。常绿和落叶灌木或藤本，稀为草本。叶对生，无托叶。常具花萼，萼片分裂。花冠筒钟状，5裂，向外伸展。花具香味。果实为浆果、核果或蒴果。

1. 糯米条 *Linnaea chinensis* (R. Br.) A. Braun ex Vatke

拉丁文异名：*Abelia chinensis* R. Br.

分类地位：植物界（Plantae）

　　　　　被子植物门（Angiospermae）

　　　　　　双子叶植物纲（Dicotyledoneae）

　　　　　　　川续断目（Dipsacales）

　　　　　　　　忍冬科（Caprifoliaceae）

　　　　　　　　　北极花属（*Linnaea* Gronov. ex Linn.）

　　　　　　　　　糯米条（*Linnaea chinensis*（R. Br.）A. Braun ex Vatke）

形态学鉴别特征：落叶多分枝灌木，高达2m。嫩枝纤细，红褐色，被短柔毛，老枝树皮纵裂。叶有时3片轮生，圆卵形至椭圆状卵形，顶端急尖或长渐尖，基部圆形或心形，长2~5cm，宽1~3.5cm，边缘有稀疏圆锯齿，叶面初时疏被短柔毛，叶背基部主脉及侧脉密被白色长柔毛，花枝上部叶向上逐渐变小。聚伞花序生于小枝上部叶腋，由多数花序集合成一圆锥状花簇，总花梗被短柔毛，果期光滑。花芳香，具3对小苞片。小苞片矩圆形或披针形，具睫毛。萼筒圆柱形，被短柔毛，稍扁，具纵条纹，萼

糯米条花（徐正浩摄）

檐5裂，裂片椭圆形或倒卵状矩圆形，长5~6mm，果期变红色。花冠白色至红色，漏斗状，长1~1.2cm，为萼齿的1倍，外面被短柔毛，裂片5片，圆卵形。雄蕊着生于花冠筒基部，花丝细长，伸出花冠筒外。花柱细长。柱头圆盘形。果实具宿存而略增大的萼裂片。

糯米条花期植株（徐正浩摄）　　　　　　　　糯米条花期灌木丛生境植株（徐正浩摄）

生物学特性：为北极花属中耐寒的植物种。开花后，花萼保持较长时间不脱落。

生境特征：生于山地。在三衢山喀斯特地貌中习见，生于岩石山地、林下、灌木丛、路边、溪边等生境。

分布：产于中国、日本。

第34章

五福花科 Adoxaceae

APG分类系统中，五福花科（Adoxaceae）隶属川续断目（Dipsacales），具5属，含150~200种。五福花科植物的重要特征为：叶对生，具锯齿；花瓣5片，稀4片，呈聚伞花序；果实为核果。因此，五福花科与山茱萸科（Cornaceae）的形态学鉴别特征类似。在以往的植物分类系统中，五福花科是忍冬科（Caprifoliaceae）的其中一个部分。五福花（*Adoxa moschatellina* Linn.）是最先移入五福花科的植物。其后，接骨木属（*Sambucus* Linn.）和荚蒾属（*Viburnum* Linn.）加列其中，另外，华福花属（*Sinadoxa* C. Y. Wu, Z. L. Wu et R. F. Huang）通过与五福花属（*Adoxa* Linn.）做分子序列比对后，再列其中。

五福花属植物为小型多年生草本植物，叶为复叶，春季开花，浆果在冬季成熟后，地上部分死亡。后来加列五福花科的植物，多为灌木，但2个种为大型草本植物，均具复叶。荚蒾属植物均为灌木，都为单叶。

1. 浙江荚蒾 *Viburnum schensianum* Maxim. subsp. *chekiangense* Hsu et P. L. Chiu

中文异名：陕西荚蒾、土栾树、土栾条、冬栾条

分类地位：植物界（Plantae）

  被子植物门（Angiospermae）

   双子叶植物纲（Dicotyledoneae）

    川续断目（Dipsacales）

     五福花科（Adoxaceae）

      荚蒾属（*Viburnum* Linn.）

       浙江荚蒾（*Viburnum schensianum* Maxim. subsp. *chekiangense* Hsu et P. L. Chiu）

形态学鉴别特征：落叶灌木，高可达3m。幼枝、叶背、叶柄及花序均被由黄白色簇状毛组成的茸毛。芽常被带锈褐色簇状毛。二年生小枝稍四角状，灰褐色，老枝圆筒形，散生圆形小皮孔。叶纸质，卵状椭圆形、宽卵形或近圆形，长3~8cm，顶端钝或圆形，有时微凹或稍尖，基部圆形，边缘有较密的小尖齿，初时叶面疏被叉状或簇状短毛，侧脉5~7对，近缘处互相网结或部分直伸至齿端，连同中脉在叶面凹陷，在叶背凸起，小脉在两面稍凸起。叶柄长

7~15mm。聚伞花序径4~8cm，结果时可达9cm，总花梗长1~7cm或很短，第一级辐射枝3~5条，长1~2cm，中间者最短，花大部分生于第三级分枝上。萼筒圆筒形，长3.5~4mm，宽1.5mm，无毛，萼齿卵形，长1mm，顶钝。花冠白色，辐状，径6mm，无毛，筒部长1mm，裂片圆卵形，长2mm。雄蕊与花冠等长或略较长，花药圆形，径1mm。果实红色而后变黑色，椭圆形，长8mm。核卵圆形，长6~8mm，径4~5mm，背部龟背状凸起而无沟或有2条不明显的沟，腹部有3条沟。

浙江荚迷花期植株（余黎红摄）

生物学特性：花期5—7月，果熟期8—9月。

生境特征：生于山谷混交林和松林下或山坡灌丛中。在三衢山喀斯特地貌中生于岩石山地等生境。

分布：中国河北（内丘）、山西、陕西南部、甘肃东南部至南部、山东（济南）、江苏南部、河南、湖北和四川北部（松潘）等地有分布。

第35章

叶下珠科 Phyllanthaceae

叶下珠科（Phyllanthaceae）隶属金虎尾目（Malpighiales），与苦皮桐科（Picrodendraceae）密切相关。多数分布于热带地区，温带地区种类也较多。

叶下珠科具54~56属，2000余种。其中，叶下珠属（Phyllanthus Linn.）具1200种，为叶下珠科中最多植物种的属。叶下珠科与大戟科种的重要区别在于：叶下珠科子房每室具2颗胚珠。

叶下珠科植物为乔木、灌木或草本，一些为攀缘植物或肉质植物，其中叶下珠属的1个种Phyllanthus fluitans为水生植物。与大戟科不同，叶下珠科通常无乳汁，仅少数种产生树脂渗出液。植物上毛常简单，稀分枝或鳞片状。植株稀有刺和其他刺状物。具叶，除叶下珠属以外的一些种演变为叶状茎，沿边缘开花。单叶，互生，稀对生、成束或轮生，其中秋枫属（Bischofia Bl.）为复叶。叶全缘，稀具锯齿。具叶柄，基部常具叶枕。具托叶，一些种早落。花序生于叶轴，稀生于叶茎端或叶下部茎。在异态木属（Uapaca Baill.）中，花为假单花，紧密捆扎的花类似单花。除银柴属（Aporosa Bl.）的4个种外，花单性，辐射对称，雌雄同株或雌雄异株。萼片3~8片，分离。花瓣有或无。花瓣出现时，4~6片，黄色至绿色，稀粉红色或褐红色。常有蜜腺盘，环状或分为片状。雄蕊3~10枚，稀更多，分离或不同程度合生。子房上位，常2~5室，多达15室。顶生胎座。胚珠2颗，通过纤维物悬浮于每室顶部。仅1颗胚珠发育为种子。1个大闭孔盖住2颗胚珠的珠孔，或每颗胚珠有自身的闭孔。雌配子体类似蓼属（Polygonum Linn.）植物的类型。柱头常2浅裂或2深裂，有时全缘，稀多裂。果实为分裂果、坚果或浆果。一些种分裂果爆裂。

🌿 1. 一叶萩 *Flueggea suffruticosa* (Pall.) Baill.

中文异名：山嵩树、狗梢条、白几木、叶底珠
分类地位：植物界（Plantae）
      被子植物门（Angiospermae）
        双子叶植物纲（Dicotyledoneae）
          金虎尾目（Malpighiales）
            叶下珠科（Phyllanthaceae）
              白饭树属（Flueggea Willd.）
                一叶萩（Flueggea suffruticosa（Pall.）Baill.）

一叶萩叶（徐正浩摄）

一叶萩叶面（徐正浩摄）

一叶萩花序（徐正浩摄）

一叶萩果期生境植株（徐正浩摄）

一叶萩花果期岩石生境植株（徐正浩摄）

一叶萩石缝生境植株（徐正浩摄）

　　形态学鉴别特征：灌木，植株高1~3m。多分枝，小枝浅绿色，近圆柱形，有棱槽，有不明显的皮孔。全株无毛。叶片纸质，椭圆形或长椭圆形，稀倒卵形，长1.5~8cm，宽1~3cm，顶端急尖至钝，基部钝至楔形，全缘或有不整齐的波状齿或细锯齿，叶背浅绿色。侧脉每边5~8条，在两面凸起，网脉略明显。叶柄长2~8mm。托叶卵状披针形，长1mm，宿存。花小，雌雄异株，簇生于叶腋。雄花：3~18朵簇生；花梗长2.5~5.5mm；萼片通常5片，椭圆形或卵圆形，长1~1.5mm，宽0.5~1.5mm，全缘或具不明显的细齿；雄蕊5枚，花丝长1~2.2mm，花药卵圆形，长0.5~1mm；退化雌蕊圆柱形，高0.6~1mm，顶端2~3裂。雌花：花梗长2~15mm；萼片5片，椭圆形至卵形，长1~1.5mm，近全缘，背部呈龙骨状突起；花盘盘状，全缘或近全缘；子房卵圆形，2~3室，花柱3个，长1~1.8mm，分离或基部合生，直立或外弯。蒴果三棱状扁球形，径4~5mm，成熟时淡红褐色，有网纹，3瓣裂。果梗长2~15mm，基部常有宿存的萼片。种子卵形，侧扁压状，长2~3mm，褐色而有小疣状突起。

生物学特性：花期3—8月，果期6—11月。

生境特征：生于山坡灌丛、山沟、路边等。在三衢山喀斯特地貌中为优势种，主要生于岩石山地、林下、灌木丛、石缝、岩石阴湿处、山坡、草地、溪边等生境。

分布：除西北尚未发现外，中国其他各地有分布。蒙古、俄罗斯、日本、朝鲜等国也有分布。

2. 青灰叶下珠 *Phyllanthus glaucus* Wall. ex Muell. Arg.

分类地位：植物界（Plantae）

被子植物门（Angiospermae）

双子叶植物纲（Dicotyledoneae）

金虎尾目（Malpighiales）

叶下珠科（Phyllanthaceae）

叶下珠属（*Phyllanthus* Linn.）

青灰叶下珠（*Phyllanthus glaucus* Wall. ex Muell. Arg.）

形态学鉴别特征：灌木。植株高达4m。枝条圆柱形，小枝细柔。全株无毛。叶片膜质，椭圆形或长圆形，长2.5~5cm，宽1.5~2.5cm，顶端急尖，有小尖头，基部钝至圆，叶背稍苍白色。侧脉每边8~10条。叶柄长2~4mm。托叶卵状披针形，膜质。花径2~3mm，数朵簇生于叶腋。花梗丝状，顶端稍粗。雄花：花梗长6~8mm；萼片6片，卵形；花盘腺体6个；雄蕊5枚，

青灰叶下珠乔灌木丛植株（徐正浩摄）

青灰叶下珠岩石生境植株（徐正浩摄）

花丝分离，药室纵裂；花粉粒圆球形，具3个孔沟，沟细长，内孔圆形。雌花：通常1朵雌花与数朵雄花同生于叶腋；花梗长7~9mm；萼片6片，卵形；花盘环状；子房卵圆形，3室，每室具2颗胚珠，花柱3个，基部合生。蒴果浆果状，径0.6~1cm，紫黑色，基部有宿存的萼片。种子黄褐色。

生物学特性：花期4—7月，果期7—10月。

生境特征：生于山地灌木丛中或稀疏林。在三衢山喀斯特地貌中主要生于岩石山地、路边、灌木丛、林下等生境。

分布：中国华中、华东、华南、西南等地有分布。印度、不丹、尼泊尔也有分布。

第36章

报春花科 Primulaceae

报春花科（Primulaceae）隶属杜鹃花目（Ericales），具53属，含2790种。APG分类系统将以往的紫金牛科（Myrsinaceae）和刺萝桐科（Theophrastaceae）归入其中。报春花科分为杜茎山亚科（Maesoideae）、紫金牛亚科（Myrsinoideae）、报春花亚科（Primuloideae）和刺萝桐亚科（Theophrastoideae）4个亚科。报春花科植物多年生，少数为一年生。

1. 杜茎山 *Maesa japonica* (Thunb.) Moritzi.

中文异名：金砂根

分类地位：植物界（Plantae）

    被子植物门（Angiospermae）

      双子叶植物纲（Dicotyledoneae）

       杜鹃花目（Ericales）

        报春花科（Primulaceae）

         杜茎山属（*Maesa* Forssk.）

          杜茎山（*Maesa japonica*（Thunb.）Moritzi.）

形态学鉴别特征：灌木，直立，有时外倾或攀缘，高1~5m。小枝无毛，具细条纹，疏生皮孔。叶片革质，有时较薄，椭圆形至披针状椭圆形，或倒卵形至长圆状倒卵形，或披针形，顶端渐尖、急尖或钝，有时尾状渐尖，基部楔形、钝或圆形，一般长10cm，宽3cm，也有长5~15cm，宽2~5cm，几乎全缘或中部以上具疏锯齿，或除基部外均具疏细齿，两面无毛，叶面中脉、侧脉及细脉微隆起，叶背中脉明显，隆起，侧脉5~8对，不甚明显，尾端直达齿尖。叶柄长5~13mm，无毛。总状花序或圆锥花序，单一或

杜茎山生境植株（余黎红摄）

2~3个腋生，长1~4cm，仅近基部具少数分枝，无毛。苞片卵形，长不到1mm。花梗长2~3mm，无毛或被极疏的微柔毛。小苞片广卵形或肾形，紧贴花萼基部，无毛，具疏细缘毛或腺点。花

萼长2mm，萼片长1mm，卵形至近半圆形，顶端钝或圆形，具明显的脉状腺条纹，无毛，具细缘毛。花冠白色，长钟形，管长3.5~4mm，具明显的脉状腺条纹，裂片长为管的1/3或更短，卵形或肾形，顶端钝或圆形，边缘略具细齿。雄蕊着生于花冠管中部略上，内藏。花丝与花药等长，花药卵形，背部具腺点。柱头分裂。果球形，径4~5mm，有时达6mm，肉质，具脉状腺条纹，宿存萼包裹顶端，常冠宿存花柱。

生物学特性：花期1—3月，果期10月或5月。

生境特征：生于山坡或石灰山杂木林下阳处，或路旁灌木丛中。在三衢山喀斯特地貌中习见，主要生于岩石山地、石缝、林下、灌木丛、山坡、草地等生境，在岩石山地、灌木丛等生境常形成优势种群。

分布：中国西南至台湾南部各地有分布。日本及越南北部也有分布。

第37章

省沽油科 Staphyleaceae

省沽油科（Staphyleaceae）隶属燧体木目（Crossosomatales），具2属，即省沽油属（*Staphylea* Linn.）和山香圆属（*Dalrympelea* Roxb.），含45种，分布于北半球和南美。以往省沽油科的2属，即腺椒树属（*Huertea* Ruiz ex Pav.）和瘿椒树属（*Tapiscia* Oliv.）在APG分类系统中已移入瘿椒树科（Tapisciaceae）。

1. 膀胱果 *Staphylea holocarpa* Hemsl.

中文异名：大果省沽油

分类地位：植物界（Plantae）

被子植物门（Angiospermae）

双子叶植物纲（Dicotyledoneae）

燧体木目（Crossosomatales）

省沽油科（Staphyleaceae）

省沽油属（*Staphylea* Linn.）

膀胱果（*Staphylea holocarpa* Hemsl.）

形态学鉴别特征：落叶灌木或小乔木。植株高3~10m。幼枝平滑。3片小叶，小叶近革质，无毛，长圆状披针形至狭卵形，长5~10cm，基部钝，先端突渐尖，叶面淡白色，边缘有硬细锯齿，侧脉10条，有网脉。侧生小叶几无柄，顶生小叶具长柄，柄长2~4cm。广展伞房花序长5cm，或更长。花白色或粉红色，在叶后开放。果为3裂、梨形膨大的蒴果，长4~5cm，宽2.5~3cm，基部狭，顶平截。种子近椭圆形，灰色，有光泽。

膀胱果果实（徐正浩摄）

生物学特性：花期4—5月，果期6—8月。

生境特征：生于石灰岩山谷坡地的落叶林中。在三衢山喀斯特地貌中主要生于岩石山地、灌木丛等生境。

分布：中国华东、华中、华南、西南以及陕西、甘肃等地有分布。

膀胱果果期植株（余黎红摄）

第38章

鼠李科 Rhamnaceae

鼠李科（Rhamnaceae）隶属蔷薇目（Rosales），具55属，含950种，常为乔木、灌木或藤本植物。世界广布，多数种分布于亚热带和热带地区。单叶互生、螺旋状排列，或对生。具托叶。一些属的叶特化为刺，而在十字木属（Colletia Comm. ex Juss.）植物中，2个腋芽分别形成刺和梢。花辐射对称。萼片离生，5片，有时4片。花瓣离生，5片，有时4片或缺如。尽管一些属花显，簇生，如美洲茶属（Ceanothus Linn.），但绝大多数属花小，不显，呈白色、黄色、绿色、粉红、蓝色。雄蕊5枚或4枚，与花瓣对生。子房上位，2颗或3颗胚珠（或1颗不育）。果实多数为浆果、肉质核果或坚果。

1. 雀梅藤 *Sageretia thea* (Osbeck) Johnst.

中文异名：刺冻绿、对节刺、碎米子

分类地位：植物界（Plantae）

被子植物门（Angiospermae）

双子叶植物纲（Dicotyledoneae）

蔷薇目（Rosales）

鼠李科（Rhamnaceae）

雀梅藤属（Sageretia Brongn.）

雀梅藤（Sageretia thea（Osbeck）Johnst.）

形态学鉴别特征：藤状或直立灌木。小枝具刺，互生或近对生，褐色，被短柔毛。叶纸质，近对生或互生，通常椭圆形、矩圆形或卵状椭圆形，稀卵形或近圆形，长1~4.5cm，宽0.7~2.5cm，顶端锐尖，钝或圆形、基部圆形或近心形，边缘具细锯齿，叶面绿色，无毛，叶背浅绿色，无毛或沿脉被柔毛，侧脉每边3~5条，在叶面不明显，在叶背明显凸起。叶柄长2~7mm，被短柔毛。花无梗，黄色，有芳香，通常2个至数个簇生排成顶生或腋生疏散穗状或圆锥穗状花序。花序轴长2~5cm，被茸毛或密短柔毛。花萼外面被疏柔毛。萼片三角形或三角状

雀梅藤叶（徐正浩摄）

雀梅藤果实（徐正浩摄）

雀梅藤果枝（徐正浩摄）

雀梅藤果期岩石生境植株（徐正浩摄）

雀梅藤乔灌木丛植株（徐正浩摄）

卵形，长1mm。花瓣匙形，顶端2浅裂，常内卷，短于萼片。花柱极短，柱头3浅裂。子房3室，每室具1颗胚珠。核果近圆球形，径5mm，成熟时黑色或紫黑色，具1~3个分核，味酸。种子扁平，两端微凹。

生物学特性：花期7—11月，果期翌年3—5月。

生境特征：常生于丘陵、山地林下或灌丛中。在三衢山喀斯特地貌中习见，常生于岩石山地、林缘、路边、灌木丛等生境。

分布：中国华东、华中、华南、西南等地有分布。印度、越南、朝鲜、日本也有分布。

第39章

无患子科 Sapindaceae

APG分类系统中，无患子科（Sapindaceae）隶属无患子目（Sapindales），具138属，含1858种，包括槭树、西非荔枝果、七叶树和荔枝树等重要树种。广布世界，主要分布于温带至热带地区，常生于阔叶林。多数种含乳腺体，产生乳汁；多数种含中度毒性皂苷，汁液呈肥皂泡状液体，其在叶片、种子或根部均能产生。瓜瓶藤属（*Serjania* Mill.）、醒神藤属（*Paullinia* Linn.）、槭属（*Acer* Linn.）和异木患属（*Allophylus* Acev.-Rodr.）为无患子科物种最多的4个属。

APG分类系统将以往的槭树科和七叶树科（Hippocastanaceae）并入无患子科。

无患子科植物常为乔木、草本或藤本。叶常螺旋状互生，有时对生，如槭属、七叶树属（*Aesculus* Linn.）等。叶常为羽状复叶，有时为掌状复叶，如七叶树属，或掌状，如槭属。叶柄基部膨大，无托叶。一些属为常绿树种。

花小，单性，或作用上单性。雌雄异体或同体。花序常呈聚伞圆锥状。萼片和花瓣4片或5片，而车桑子属（*Dodonaea* Mill.）花瓣缺如。雄蕊4~10枚，着生于花瓣与雄蕊的蜜腺盘上，花丝具毛，雄蕊常8枚，2个环排列，每环4枚。雌蕊群含2~3个心皮，有时达6个。花柱1个，具1个分裂柱头。果实为肉果或干果，分坚果、浆果、核果、分果、蒴果或翼果。胚弯曲或环状。种子无胚乳。常具假种皮。

1. 三角槭　*Acer buergerianum* Miq.

中文异名：三角枫

英文名：trident maple

分类地位：植物界（Plantae）

被子植物门（Angiospermae）

双子叶植物纲（Dicotyledoneae）

无患子目（Sapindales）

无患子科（Sapindaceae）

槭属（*Acer* Linn.）

三角槭（*Acer buergerianum* Miq.）

形态学鉴别特征：落叶乔木，高5~10m，稀达20m。树皮褐色或深褐色，粗糙。小枝细瘦。当年生枝紫色或紫绿色，近于无毛。多年生枝淡灰色或灰褐色，稀被蜡粉。冬芽小，褐色，长卵圆形，鳞片内侧被长柔毛。叶纸质，基部近于圆形或楔形，长6~10cm，通常3浅裂，裂片向前延伸，稀全缘，中央裂片三角卵形，急尖、锐尖或短渐尖。侧裂片短钝尖或甚小，以至于不发育，裂片边缘通常全缘，稀具少数锯齿。裂片间的凹缺钝尖。叶面深绿色，叶背黄绿色或淡绿色，被白粉，略被毛，在叶脉上较密。初生脉3条，稀基部叶脉也发育良好，呈5条，在叶面不显著，在叶背显著。侧脉通常在两面都不显著。叶柄长2.5~5cm，淡紫绿色，细瘦，无毛。花多数，常成顶生被短柔毛的伞房花序，径3cm，总花梗长1.5~2cm，在叶长大以后开花。萼片5片，黄绿色，卵形，无毛，长1.5mm。花瓣5片，淡黄色，狭窄披针形或匙状披针形，先端钝圆，长2mm。雄蕊8枚，与萼片等长或微短。花盘无毛，微分裂，位于雄蕊外侧。子房密被淡黄色长柔毛。花柱无毛，很短，2裂。柱头平展或略反卷。花梗长5~10mm，细瘦，嫩时被长柔毛，渐老近于无毛。翅果黄褐色。小坚

三角槭叶（徐正浩摄）

三角槭花（徐正浩摄）

三角槭果序（徐正浩摄）

三角槭植株（徐正浩摄）

三角槭果期植株（徐正浩摄）

果特别凸起，径6mm。翅与小坚果共长2~2.5cm，稀达3cm，宽9~10mm，中部最宽，基部狭窄，张开成锐角或近于直立。

生物学特性：花期4月，果期8月。

生境特征：生于阔叶林中。在三衢山喀斯特地貌中习见，主要生于岩石山地、乔木林、混交林、灌木丛、路边、溪边等生境。

分布：中国华东、华中、华南、西南等地有分布。日本也有分布。

2. 樟叶槭 *Acer coriaceifolia* H. Lév.

中文异名：桂叶槭

拉丁文异名：Acer cinnamomifolium Hayata

分类地位：植物界（Plantae）

被子植物门（Angiospermae）

双子叶植物纲（Dicotyledoneae）

无患子目（Sapindales）

无患子科（Sapindaceae）

槭属（*Acer* Linn.）

樟叶槭（*Acer coriaceifolia* H. Lév.）

形态学鉴别特征：常绿乔木，高10~15。树皮淡黑褐色或淡黑灰色。小枝细瘦。当年生枝淡紫褐色，被浓密的茸毛。多年生枝淡红褐色或褐黑色，近于无毛，皮孔小，卵形或圆形。叶革质，长圆椭圆形或长圆披针形，长8~12cm，宽4~5cm，基部圆形、钝形或阔楔形，先端钝形，具有短尖头，全缘或近于全缘。叶面绿色，无毛，叶背淡绿色或淡黄绿色，被白粉和淡褐色茸毛，长成时毛渐减少。主脉在叶面凹下，在叶背凸起，侧脉3~4对，在叶面微凹下，在叶背显著，最下1对侧脉由叶的基部生出，与中肋在基部共成3条脉。叶柄长1.5~5cm，淡紫色，被茸毛。翅果淡黄褐色，常呈被茸毛的伞房果序。小坚果凸起，长7mm，宽4mm。翅和小坚果长2.8~3.2cm，张开呈锐角或近于直角。果梗长2~2.5cm，细瘦，被茸毛。

生物学特性：果期7—9月。

生境特征：生于较潮湿的阔叶林中。在三衢山喀斯特地貌中习见，主要生于岩石山地、乔木林、灌木丛、混交林、路边等生境。

分布：中国浙江南部、福建、江西、湖北西南部、湖南、贵州、广东北部和广西东北部等地有分布。

樟叶槭树干（徐正浩摄）

樟叶槭叶（徐正浩摄）

樟叶槭叶面（徐正浩摄）

樟叶槭叶背（徐正浩摄）

樟叶槭植株（徐正浩摄）

第40章

杜英科 Elaeocarpaceae

杜英科（Elaeocarpaceae）隶属酢浆草目（Oxalidales），具12属，含615种，其中物种较多的2个属为杜英属（*Elaeocarpus* Linn.）和猴欢喜属（*Sloanea* Linn.），分别具350种和150种。多数分布于热带和亚热带地区，少数分布于温带。

杜英科植物常为乔木或灌木。单叶互生，或对生，具柄。托叶存在或缺如。花两性或杂性，单生或排成总状或圆锥花序。萼片4~5片，分离或连合，通常镊合状排列；花瓣4~5片，镊合状或覆瓦状排列，有时不存在，先端撕裂或全缘。雄蕊多数，分离，生于花盘上或花盘外。子房上位，2室至多室。花柱连合或分离。胚珠每室2颗至多颗。果为核果或蒴果。种子富含胚乳。胚扁平。

1. 山杜英 *Elaeocarpus sylvestris* (Lour.) Poir.

中文异名：羊屎树

英文名：woodland elaeocarpus

分类地位：植物界（Plantae）

　　　　　被子植物门（Angiospermae）

　　　　　双子叶植物纲（Dicotyledoneae）

　　　　　酢浆草目（Oxalidales）

　　　　　杜英科（Elaeocarpaceae）

　　　　　杜英属（*Elaeocarpus* Linn.）

　　　　　山杜英（*Elaeocarpus sylvestris*（Lour.）Poir.）

形态学鉴别特征：小乔木，高10m。小枝纤细，通常秃净无毛。老枝条干后暗褐色。叶纸质，倒卵形或倒披针形，长4~8cm，宽2~4cm，幼态叶长达15cm，宽达6cm，两面均无毛，干后黑褐色，不发亮，先端钝，或略尖，基部窄楔形，下延，侧脉5~6对。叶边缘有钝锯齿或波状钝齿。叶柄长1~1.5cm，无毛。总状花序生于枝顶叶腋内，长4~6cm，花序轴纤细，无毛，有时被灰白色短柔毛。花柄长3~4mm，纤细，通常秃净。萼片5片，披针形，长4mm，无毛。花瓣倒卵形，上半部撕裂，裂片10~12条，外侧基部有毛。雄蕊13~15枚，长3mm，花药有微毛，顶端无毛丛，亦缺附属物。花盘5裂，圆球形，完全分开，被白色毛。子房被毛，2~3室。花柱长2mm。核果细小，椭圆形，长1~1.2cm，内果皮薄骨质，有腹缝沟3条。

山杜英枝叶（徐正浩摄）

山杜英叶（徐正浩摄）

山杜英果实（徐正浩摄）

山杜英植株（徐正浩摄）

生物学特性：花期4—5月。

生境特征：生于常绿林中。三衢山喀斯特地貌中习见，主要生于岩石山地、乔木林、路边等生境。

分布：中国华东、华中、华南、西南等地有分布。越南、老挝、泰国也有分布。

第41章

胡椒科 Piperaceae

胡椒科（Piperaceae）隶属胡椒目（Piperales），具13属，含3600种，绝大多数为胡椒属（*Piper* Linn.）和草胡椒属（*Peperomia* Ruiz ex Pav.）的植物，占95%以上。遍布热带地区。

胡椒科植物为小乔木、灌木和一年生或多年生草本。常具地下根茎，陆生或附生。茎单一或具分枝。单叶，全缘，基生或茎生，互生、对生或轮生。常具托叶，具柄。叶揉碎时，常具芳香味。穗状花序顶生，叶对生，或茎轴着生。花两性，无花被，由苞片包裹。雄蕊2~6枚，下位，花药2室。雌蕊1枚，柱头3~4个，心皮3~4个。子房1室，上位。果实核果状，每果含1粒种子。胚小，外胚乳粉状。

1. 山蒟 *Piper hancei* Maxim.

分类地位：植物界（Plantae）

　　　　　被子植物门（Angiospermae）

　　　　　　双子叶植物纲（Dicotyledoneae）

　　　　　　　胡椒目（Piperales）

　　　　　　　　胡椒科（Piperaceae）

　　　　　　　　　胡椒属（*Piper* Linn.）

　　　　　　　　　　山蒟（*Piper hancei* Maxim.）

形态学鉴别特征：攀缘藤本，长至10余米。除花序轴和苞片柄外，余均无毛。茎、枝具细纵纹，节上生根。叶纸质或近革质，卵状披针形或椭圆形，少有披针形，长6~12cm，宽2.5~4.5cm，顶端短尖或渐尖，基部渐狭或楔形，有时钝，通常相等或有时略不等。叶脉5~7条，最上1对互生，离基1~3cm从中脉发出，弯拱上升几达叶片顶部，如为7条脉，则最外1对细弱，网状脉通常明显。叶柄长5~12mm。叶鞘长为叶柄长的一半。花单性，雌雄异株，聚集成与叶对生的穗状花序。雄花序长6~10cm，径1.5~2mm。总花梗与叶柄等长或略长，花序轴被毛。苞片近圆形，径0.5~0.8mm，近无柄或具短柄，盾状，向轴面和柄上被柔毛。雄蕊2枚，花丝短。雌花序长2~3cm，于果期延长。苞片与雄花序的相同，但柄略长。子房近球形，离生。浆果球形，黄色，径2.5~3mm。

生物学特性：花期3—8月。

生境特征：生于山地、溪涧边、密林或疏林，攀缘于树上或石上。三衢山喀斯特地貌中习

山蒟茎叶（徐正浩摄）

山蒟岩石生境植株（徐正浩摄）

见，生于岩石山地、石缝、林下、路边等生境。

　　分布：中国浙江、福建、江西南部、湖南南部、广东、广西、贵州南部及云南东南部有分布。

第42章

芸香科 Rutaceae

芸香科（Rutaceae）隶属无患子目（Sapindales），具160属。

芸香科植物绝大多数为树木或灌木，少数为草本，如石椒草属（*Boenninghausenia* Reichb. ex Meisn. nom. cons.）和白鲜属（*Dictamnus* Linn.），芳香，叶上具腺体，有时刺上也有。叶片常对生，复叶，无托叶。腺透明，与叶挥发芳香味有关，是芸香科的共源特性。

花无苞片，单一或呈聚伞花序，稀呈总状。花辐射对称，雌雄同体。萼片和花瓣4片或5片，有时为3片。雄蕊多为8~10枚，而茵芋属（*Skimmia* Linn.）为5枚，柑橘属（*Citrus* Linn.）为多枚。柱头1个，具2~5个心皮，有时子房分离，但花柱联合。

果实多样，为浆果、核果、柑果、翼果、蓇葖果或小囊。种子数变化大。

1. 竹叶花椒 *Zanthoxylum armatum* DC.

中文异名：野花椒、山花椒、土花椒、狗花椒

英文名：winged prickly ash

分类地位：植物界（Plantae）

　　　　　被子植物门（Angiospermae）

　　　　　　双子叶植物纲（Dicotyledoneae）

　　　　　　　无患子目（Sapindales）

　　　　　　　芸香科（Rutaceae）

　　　　　　　　花椒属（*Zanthoxylum* Linn.）

　　　　　　　　　竹叶椒（*Zanthoxylum armatum* DC.）

形态学鉴别特征： 多年生落叶小乔木。高3~5m，茎枝多锐刺，刺基部宽而扁，红褐色，小枝上的刺劲直，水平抽出，小叶背面中脉上常有小刺，仅叶背基部中脉两侧有丛状柔毛，或嫩枝梢及花序轴均被褐锈色短柔毛。叶有小叶3~9片，稀11片，翼叶明显，稀仅有痕迹。小叶对生，通常披针形，长3~12cm，宽1~3cm，两端尖，有时基部宽楔形，干后叶缘略向背卷，叶面稍粗糙；或为椭圆形，长4~9cm，宽2~4.5cm，顶端中央1片最大，基部1对最小；有时为卵形，叶缘有甚小且疏离的裂齿，或近于全缘，仅在齿缝处或沿小叶边缘有油点。小叶柄甚短或无柄。花序近腋生或同时生于侧枝之顶，长2~5cm，有花30朵以内。花被片6~8片，形状与大小几乎相同，长1.5mm。雄花的雄蕊5~6枚，药隔顶端有一干后变褐黑色油点；不育雌蕊垫状凸起，顶端2~3浅裂。雌花有心

竹叶花椒茎叶（徐正浩摄）

竹叶花椒对生小叶（徐正浩摄）

竹叶花椒花序（徐正浩摄）

竹叶花椒果实（徐正浩摄）

竹叶花椒景观植株（徐正浩摄）

皮2~3个，背部近顶侧各有1个油点，花柱斜向背弯，不育雄蕊短线状。果紫红色，有微凸起少数油点，单个分果瓣径4~5mm。种子径3~4mm，褐黑色。

生物学特性：花期4—5月，果期8—10月。

生境特征：生于低丘陵山地的多类生境，石灰岩山地亦常见。在三衢山喀斯特地貌中习见，生于林下、岩石山地、石缝、路边、灌木丛等生境中。

分布：中国山东以南，南至海南，东南至台湾，西南至西藏东南部有分布。日本、朝鲜、越南、老挝、缅甸、印度、尼泊尔也有分布。

第43章

杜鹃花科 Ericaceae

　　杜鹃花科（Ericaceae）隶属杜鹃花目（Ericales），多数生长于酸性、贫瘠土壤生境。具124属，含4250种，为开花植物中第十四大被子植物科。几遍全球。

　　杜鹃花科植物常为草本、灌木或乔木。单叶互生或轮生，无托叶。花为两性花，形态多样。花瓣合生，呈管状至漏斗状或坛状。花冠常辐射对称，坛状，但杜鹃属（*Rhododendron* Linn.）的花稍微呈两侧对称。花药顶孔开裂。

1. 杜鹃　*Rhododendron simsii* Planch.

中文异名：唐杜鹃、照山红、映山红、山石榴、山踯蠋、杜鹃花、山踯躅

分类地位：植物界（Plantae）

　　　　　　被子植物门（Angiospermae）

　　　　　　　双子叶植物纲（Dicotyledoneae）

　　　　　　　　杜鹃花目（Ericales）

　　　　　　　　　杜鹃花科（Ericaceae）

　　　　　　　　　　杜鹃属（*Rhododendron* Linn.）

　　　　　　　　　　　杜鹃（*Rhododendron simsii* Planch.）

杜鹃茎叶（徐正浩摄）

杜鹃花（徐正浩摄）

杜鹃雌雄蕊（徐正浩摄）

杜鹃花枝（徐正浩摄）

杜鹃花期植株（徐正浩摄）

杜鹃花期山地生境居群（徐正浩摄）

形态学鉴别特征：落叶灌木，高0.5~1.5m。茎分枝多而纤细，密被亮棕褐色扁平糙伏毛。叶革质，常集生于枝端，卵形、椭圆状卵形、倒卵形或倒卵形至倒披针形，长1.5~5cm，宽0.5~3cm，先端短渐尖，基部楔形或宽楔形，边缘微反卷，具细齿，叶面深绿色，疏被糙伏毛，叶背淡白色，密被褐色糙伏毛，中脉在叶面凹陷，在叶背凸出。叶柄长2~6mm，密被亮棕褐色扁平糙伏毛。花芽卵球形，鳞片外面中部以上被糙伏毛，边缘具睫毛。花2~6朵簇生于枝顶。花梗长8mm，密被亮棕褐色糙伏毛。花萼5深裂，裂片三角状长卵形，长5mm，被糙伏毛，边缘具睫毛。花冠阔漏斗形，玫瑰色、鲜红色或暗红色，长3.5~4cm，宽1.5~2cm，裂片5片，倒卵形，长2.5~3cm，上部裂片具深红色斑点。雄蕊10枚，长与花冠相等，花丝线状，中部以下被微柔毛。子房卵球形，10室，密被亮棕褐色糙伏毛。花柱伸出花冠外，无毛。蒴果卵球形，长达1cm，密被糙伏毛。花萼宿存。

生物学特性：花期4—5月，果期6—8月。

生境特征：生于山地疏灌丛或松林下。在三衢山喀斯特地貌中习见，生于林下、灌木丛、林缘、山地等生境。

分布：中国长江流域以南等地有分布。缅甸、老挝、泰国和日本也有分布。

第44章

玄参科 Scrophulariaceae

APG分类系统中，玄参科（Scrophulariaceae）隶属唇形目（Lamiales），具62属，含1830种。

以往玄参科的许多属已移入唇形目的其他科，主要是车前科（Plantaginaceae）和列当科（Orobanchaceae），同时，还新设了一些科。

少数种广布世界，多数种分布于温带，包括热带山地等。除1个属为灌木外，其余为一年生或多年生草本。花两侧对称，稀辐射对称。

1. 醉鱼草 *Buddleja lindleyana* Fortune ex Lindl.

中文异名：闭鱼花、痒见消、鱼尾草、毒鱼草

分类地位：植物界（Plantae）

被子植物门（Angiospermae）

双子叶植物纲（Dicotyledoneae）

唇形目（Lamiales）

玄参科（Scrophulariaceae）

醉鱼草属（*Buddleja* Linn.）

醉鱼草（*Buddleja lindleyana* Fortune ex Lindl.）

形态学鉴别特征：灌木，高1~3m。茎皮褐色。小枝具4条棱，棱上略有窄翅。幼枝、叶背、叶柄、花序、苞片及小苞片均密被星状短茸毛和腺毛。叶对生，萌芽枝条上的叶为互生或近轮生，叶片膜质，卵形、椭圆形至长圆状披针形，长3~11cm，宽1~5cm，顶端渐尖，基部宽楔形至圆形，边缘全缘或具有波状齿，叶面深绿色，幼时被星状短柔毛，后变无毛，叶背灰黄绿色。侧脉每边6~8条，在叶面扁平，干后凹陷，在叶背略凸起。叶柄长2~15mm。穗状聚伞花序顶生，长4~40cm，宽2~4cm。苞片线形，长达10mm。小苞片线状披针形，长2~3.5mm。花紫色，芳香。花萼钟状，长4mm，外面与花冠外

醉鱼草枝叶（徐正浩摄）

醉鱼草花序（徐正浩摄）

醉鱼草岩石生境植株（徐正浩摄）

面同被星状毛和小鳞片，内面无毛，花萼裂片宽三角形。花冠长13~20mm，内面被柔毛，花冠管弯曲，长11~17mm，上部径2.5~4mm，下部径1~1.5mm，花冠裂片阔卵形或近圆形，长3.5mm，宽3mm。雄蕊着生于花冠管下部或近基部。花丝极短。花药卵形，顶端具尖头，基部耳状。子房卵形，长1.5~2.2mm，径1~1.5mm，无毛。花柱长0.5~1mm。柱头卵圆形，长1.5mm。果序穗状。蒴果长圆状或椭圆状，长5~6mm，径1.5~2mm，无毛，有鳞片，基部常有宿存花萼。种子淡褐色，小，无翅。

生物学特性：花期4—10月，果期8月至翌年4月。

生境特征：生于山地路旁、河边灌木丛中或林缘。在三衢山喀斯特地貌中习见，生于山地、溪边、林下、路边、灌木丛、草坡等生境。

分布：中国华东、华中、华南、西南等地有分布。日本、美国东南部等也有分布。

第45章

槟榔科 Arecaceae

槟榔科（Arecaceae）为单子叶植物纲开花植物，隶属槟榔目（Arecales），具181属，含2600种，绝大多数种分布于热带和亚热带地区。槟榔科植物统称为棕榈，分攀爬类、灌木、乔木和无茎植物。绝大多数槟榔科植物的显著特征为：具大型、常绿复合叶，叶排列于不分枝的茎顶。槟榔科植物生境多样，从热带雨林至沙漠均可生长。

1. 棕榈 *Trachycarpus fortunei* (Hook.) H. Wendl.

中文异名：栟榈、棕树

英文名：Chinese windmill palm, windmill palm

分类地位：植物界（Plantae）

被子植物门（Angiospermae）

单子叶植物纲（Monocotyledoneae）

槟榔目（Arecales）

槟榔科（Arecaceae）

棕榈属（*Trachycarpus* H. Wendl. ）

棕榈（*Trachycarpus fortunei*（Hook. ）H. Wendl. ）

形态学鉴别特征：乔木状，高3~10m或更高，树干圆柱形，被不易脱落的老叶柄基部和密集的网状纤维，裸露树干径10~15cm。叶片近圆形，深裂成30~50片长60~70cm、宽2.5~4cm具皱褶的线状剑形裂片，裂片先端具2浅裂或2个齿，硬挺甚至顶端下垂。叶柄长75~80cm或更长，两侧具细圆齿，顶端有明显的戟突。花序粗壮，多次分枝，从叶腋抽出，通常是雌雄异株。雄花序长40cm，具有2~3个分枝花序，下部的分枝花序长15~17cm，一般只二回分枝；雄花无梗，每2~3朵密集着生于小穗轴上，也有单生的；黄绿

棕榈叶柄（徐正浩摄）

色，卵球形，钝三棱；花萼3片，卵状急尖，几分离，花冠长为花萼长的2倍，花瓣阔卵形，雄

棕榈果实（徐正浩摄）

棕榈苗（徐正浩摄）

棕榈灌木丛林植株（徐正浩摄）

棕榈乔灌木丛林植株（徐正浩摄）

蕊6枚，花药卵状箭头形。雌花序长80~90cm，花序梗长40cm，其上有3个佛焰苞包着，具4~5个圆锥状的分枝花序，下部的分枝花序长35cm，二回至三回分枝；雌花淡绿色，通常2~3朵聚生；花无梗，球形，着生于短瘤突上，萼片阔卵形，3裂，基部合生，花瓣卵状近圆形，长于萼片1/3，退化雄蕊6枚，心皮被银色毛。果实阔肾形，有脐，长11~12mm，宽7~9mm，成熟时由黄色变为淡蓝色，有白粉，柱头残留在侧面附近。种子胚乳均匀，角质，胚侧生。

生物学特性：花期4月，果期12月。

生境特征：生于阔叶林、山地、灌木丛等。在三衢山喀斯特地貌中习见，生于乔木林、灌木丛、岩石山地、林下、坡地等生境。

分布：中国秦岭和长江以南地区有分布。印度、尼泊尔、不丹、缅甸和越南也有分布。

第46章

绣球科 Hydrangeaceae

APG分类系统中，绣球科（Hydrangeaceae）隶属山茱萸目（Cornales），具22属，含220种。一些植物分类学家曾建议将其中的7属移入一独立科，即山梅花科（Philadelphaceae）。

绣球花科植物广布于亚洲、北美和欧洲东南部，特征为：叶呈规则对生，稀轮生或互生；花两性，花瓣4片，稀5~12片；果实为蒴果或浆果，含几粒种子；种子具肉质胚乳。

1. 异色溲疏 *Deutzia discolor* Hemsl.

中文异名：白花溲疏

分类地位：植物界（Plantae）

被子植物门（Angiospermae）

双子叶植物纲（Dicotyledoneae）

山茱萸目（Cornales）

绣球科（Hydrangeaceae）

溲疏属（*Deutzia* Thunb.）

异色溲疏（*Deutzia discolor* Hemsl.）

形态学鉴别特征：灌木，高2~3m。老枝圆柱形，褐色或灰褐色，疏被星状毛或无毛，表皮片状脱落，花枝长5~15cm，具2~6片叶，浅褐色，疏被星状毛。叶纸质，椭圆状披针形或长圆状披针形，长5~10cm，宽2~3cm，先端急尖，基部楔形或阔楔形，边缘具细锯齿，齿端角质，

异色溲疏叶（徐正浩摄）

异色溲疏花（徐正浩摄）

叶面绿色，疏被4~6辐线星状毛，叶背灰绿色，密被10~20辐线星状毛，两面均具中央长辐线，侧脉每边5~6条，网脉不明显。叶柄长3~6mm，被星状毛。聚伞花序长6~10cm，径5~8cm。花蕾长圆形。花冠径1.5~2cm。花梗长1~1.5cm，柔弱。萼筒杯状，高3~3.5mm，径3.5~4mm，密被10~12辐线星状毛，裂片长圆状披针形，先端渐尖，与萼筒等长或稍长，绿色，被毛较稀疏。花瓣白色，椭圆形，长10~12mm，宽5~6mm，先端圆形，外面疏被星状毛，花蕾时内向镊合状排列。外轮雄蕊长5.5~7mm，花丝先端2个齿，齿长不达花药，花药卵形或球形，具长柄，药隔常被星状毛，内轮雄蕊长3.5~5mm，形状与外轮相似。花柱3~4个，与雄蕊等长或稍长。蒴果半球形，径4.5~6mm，褐色，宿存萼裂片外反。

生物学特性：花期6—7月，果期8—10月。

生境特征：生于山坡或溪边灌丛。在三衢山喀斯特地貌中主要生于林下、灌木丛、山地、林缘等生境。

分布：中国陕西、甘肃、河南、湖北和四川等地有分布。

参考文献

［1］吴征镒. 中国植物志[M]. 北京：科学出版社，1991—2004.

［2］浙江植物志编辑委员会. 浙江植物志[M]. 杭州：浙江科学技术出版社，1993.

［3］徐正浩，周国宁，顾哲丰，等. 浙大校园树木[M]. 杭州：浙江大学出版社，2017.

［4］周国宁，徐正浩. 园林保健植物[M]. 杭州：浙江大学出版社，2018.

索　引

索引1　拉丁学名索引

索引2　中文名索引

A

B

C